ウェブデータの
機械学習

Machine Learning of Web Data

ダヌシカ ボレガラ
岡﨑直観
前原貴憲

講談社

■ 編者

杉山　将　博士（工学）

理化学研究所 革新知能統合研究センター センター長

東京大学大学院新領域創成科学研究科 教授

■ シリーズの刊行にあたって

　インターネットや多種多様なセンサーから，大量のデータを容易に入手できる「ビッグデータ」の時代がやって来ました．現在，ビッグデータから新たな価値を創造するための取り組みが世界的に行われており，日本でも産学官が連携した研究開発体制が構築されつつあります．

　ビッグデータの解析には，データの背後に潜む規則や知識を見つけ出す「機械学習」とよばれる知的データ処理技術が重要な働きをします．機械学習の技術は，近年のコンピュータの飛躍的な性能向上と相まって，目覚ましい速さで発展しています．そして，最先端の機械学習技術は，音声，画像，自然言語，ロボットなどの工学分野で大きな成功を収めるとともに，生物学，脳科学，医学，天文学などの基礎科学分野でも不可欠になりつつあります．

　しかし，機械学習の最先端のアルゴリズムは，統計学，確率論，最適化理論，アルゴリズム論などの高度な数学を駆使して設計されているため，初学者が習得するのは極めて困難です．また，機械学習技術の応用分野は非常に多様なため，これらを俯瞰的な視点から学ぶことも難しいのが現状です．

　本シリーズでは，これからデータサイエンス分野で研究を行おうとしている大学生・大学院生，および，機械学習技術を基礎科学や産業に応用しようとしている大学院生・研究者・技術者を主な対象として，ビッグデータ時代を牽引している若手・中堅の現役研究者が，発展著しい機械学習技術の数学的な基礎理論，実用的なアルゴリズム，さらには，それらの活用法を，入門的な内容から最先端の研究成果までわかりやすく解説します．

　本シリーズが，読者の皆さんのデータサイエンスに対するより一層の興味を掻き立てるとともに，ビッグデータ時代を渡り歩いていくための技術獲得の一助となることを願います．

2014 年 11 月

「機械学習プロフェッショナルシリーズ」編者
杉山 将

■ まえがき

　ワールドワイドウェブは人間の行動，趣味などに関する情報を大量に含んでいる膨大な情報源です．機械学習を使ってこの膨大な情報源からさまざまなことを学習するための手法が提案されています．本書ではウェブデータに対し，どのように機械学習が応用されているかを解説します．

　まず，1章では，ウェブデータの特徴，ウェブデータに関してどのように機械学習が応用されているか，ウェブデータに対して機械学習を応用する際の課題について説明します．ウェブデータから話題やイベントを抽出する，評判分析を行う，ユーザー・プロファイリングを行う，商品を推薦する，ソーシャルネットワークを分析する，ソーシャルメディアから得た情報の信頼性を判断する，スパム検出，危機対応・管理など多様なタスクにおいて，すでに機械学習が応用されています．一言でウェブデータといっても，その中にはさまざまな種類のデータが存在します．例えば，ウェブデータの中には，テキストデータだけではなく，画像や動画形式のデータも存在します．ウェブデータにはデータを発信している「ユーザー」，どのような形式で発信しているかという「コンテンツ」，データをどのように共有しているかという観点で「ソーシャルネットワーク」としてそれぞれについてさまざまな特徴があります．多くの場合，ウェブデータは大量に収集することが可能ですが，この「量」がもたらす課題と，データの「質」に関する課題があります．例えば，計算量の問題で大量にあるデータをすべて使って機械学習が行えない場合があります．なお，データの中に雑音が含まれているため，そこから学習したモデルが汎化できないという問題もあります．1章では，これらの課題について解説します．

　ウェブでは，あるとき突然何かが話題になり，ユーザーによって伝搬されていることがあります．話題を引き起こす原因はさまざまであり，それはインフルエンザのような伝染病の広がりだったり，新しい映画や商品の発表だったり，事件に関するニュース報道だったりします．2章では，このような話題を早期判定するための解析手法を説明します．Twitterのようなリアルタイム性の高いソーシャルメディアが広まったこともあり，話題を瞬時に

発見することがウェブにおける機械学習の重要な応用となっています.

　ソーシャルメディアデータの中でも特に重要なデータとして評判データがあります. 商品を開発や販売している企業にとって消費者が自分が扱っている商品についてどのように思っているかを知ることは重要です. しかし, 1つの商品に関して膨大な数の評判が書かれることが多く, 機械学習を使って評判を分類することが必要となります. 3章では, 評判分類のための機械学習について解説します. 評判分類学習は分類器学習という機械学習における重要なテーマと深く関わっており, 評判を分類するために機械学習をどのように応用できるかという点を理解することで, 分類器学習アルゴリズムを理解することができます.

　ウェブデータはテキストデータが得られる最大限のデータ源といっても過言ではありません. 単語がどのような意味で扱われているかを調べる際はウェブデータが有効です. 単語の意味を正しく学習できることはさまざまなテキスト処理のタスクにおいて重要です. 例えば, 単語の意味が正しく表現できれば, 単語間の類似度, 文書間の類似度, 評判分類, 関連検索などのタスクにおける精度を向上させることができます. 4章ではウェブの膨大なテキストデータから単語の意味表現をどのようにして学習できるかを説明します. そのため, 単語の意味を表すベクトル表現を, 教師なし学習を使って効率的に学習する手法をいくつか具体例を交えながら説明します.

　5章では, ウェブのリンク構造をどのように解析し, 学習に使えるか説明します. ウェブの最も基本的な構造としてリンクされたデータがあります. 例えば, ウェブページは互いにアンカーテキストで有向リンクされています. リンク解析はウェブページの重要度計算, 中心的なウェブページ (ハブ) の同定, ウェブページのクラスタリングなどの場面で役立ちます. さらに, 人物がさまざまな関係で繋がっているソーシャルネットワークも, 重要なリンクされたウェブデータとして近年注目を集めています. ソーシャルネットワークにおけるリンク解析の主な応用事例として, コミュニティー発見, 友人推奨などが挙げられます. また, 商品とその商品を購入したユーザー間の購入ネットワークに対しリンク解析を行うことで, 興味が似たユーザーや類似した商品が判定でき, 推奨システムで応用されています.

　6章では, ウェブ検索エンジンにおける検索結果の順序学習手法について説明します. 検索エンジンはウェブデータへの重要なインターフェースと

なっています．検索エンジンはユーザーが入力した検索クエリを含む膨大な数のウェブページから最も関連性の高いページを判定し，順序付けて表示する必要があります．6章では，ウェブ検索エンジンで実際に使われている順序学習手法について説明します．

　本書はウェブデータに対し，機械学習がどのように応用されているか，を学ぶための入門書です．機械学習のアルゴリズムを説明すると同時に，それらのアルゴリズムを適用できるようにするには，ウェブデータをどのように処理しなければならないか，さらに機械学習をウェブデータに対して適用する際に注意すべき点を説明しています．1章を読んだうえで，その他の章が独立に読むことができるようになっています．ある特定の問題に対し，機械学習がどのように応用できるかを知りたい読者は，直接興味のある章から読んでください．
　本書が，ウェブデータを使って何らかの問題を解決するために機械学習を使おうとする方々にとって参考になればと願います．

　最後に，本書を完成させるにあたってご協力いただいた方々へ感謝をいたします．
　構成の段階からコメントをいただいた東京大学の杉山 将教授，査読を引き受けてくださった東京大学の森 純一郎講師，株式会社ホットリンクの榊 剛さん，東北大学の小林颯介さん，および何度も原稿の遅れのためにご迷惑をおかけしました講談社サイエンティフィクの横山真吾さんに深く感謝いたします．

2016 年 4 月

ダヌシカ　ボレガラ
岡﨑　直観
前原　貴憲

■ 目　次

■ シリーズの刊行にあたって・・　iii

■ まえがき・・・　iv

第1章　ウェブと機械学習 ・・・・・・・・・・・・・・・・・・・・・・・・・・・・・・・・　1

1.1　はじめに ・・・　1

1.2　ウェブから社会を観測する ・・・　2

1.3　データ分析の段階 ・・　5

1.4　ウェブデータの特徴・・　6

1.5　ウェブデータの種類・・　9

1.6　ウェブデータで機械学習を行う際の課題・・・・・・・・・・・・・・・・・・・・・・・・・・・・　11

    1.6.1　データの量に関する課題・・・・・・・・・・・・・・・・・・・・・・・・・・・・・・・・・・・・・・　12

    1.6.2　データの質に関する課題・・・・・・・・・・・・・・・・・・・・・・・・・・・・・・・・・・・・・・　14

    1.6.3　学習データの多様性に関する課題 ・・・・・・・・・・・・・・・・・・・・・・・・・・・・　17

    1.6.4　プライバシーに関する課題 ・・・・・・・・・・・・・・・・・・・・・・・・・・・・・・・・・・・・　17

第2章　バースト検出 ・・・・・・・・・・・・・・・・・・・・・・・・・・・・・・・・・・・・・・　19

2.1　はじめに ・・・　19

2.2　移動平均線収束拡散法 ・・　21

2.3　ポアソン過程 ・・・　27

2.4　Kleinberg のバースト検出 ・・・　30

2.5　まとめ ・・　34

第3章　評判分類の学習 ・・・・・・・・・・・・・・・・・・・・・・・・・・・・・・・・・・・　35

3.1　評判分類 ・・・　35

3.2　素性抽出 ・・・　36

3.3　素性選択 ・・・　39

3.4	素性の値	42
3.5	評判分類器の学習	44
3.6	ロジスティック回帰による評判分類器学習	46
	3.6.1 ロジスティック回帰モデル	46
	3.6.2 確率的勾配法	52
	3.6.3 バイアス項	55
	3.6.4 過学習と正則化	56
3.7	多値評判分類学習	63
3.8	評判分類の評価	64
	3.8.1 二値評判分類の評価	65
	3.8.2 多値評判分類の評価	65
3.9	評判情報辞書	68
3.10	評判分類における分野適応	70
3.11	構造対応学習	72
	3.11.1 ピボット選択	73
	3.11.2 ピボット予測	75
	3.11.3 適用先ドメインの評判分類	76
	3.11.4 ドメイン適応に適したドメインの選び方	79
3.12	まとめ	81

第 4 章　意味表現の学習　　83

4.1	意味表現	83
4.2	分布的意味表現	84
4.3	分散的意味表現	89
4.4	連続単語袋詰めモデル	93
4.5	連続スキップグラムモデル	97
	4.5.1 モデルの構成	97
	4.5.2 連続単語袋詰めモデルと連続スキップグラムモデルの最適化	99
	4.5.3 負例サンプリング	102
	4.5.4 階層型ソフトマックスによる近似計算	106
4.6	大域ベクトル予測モデル	109

目　次　ix

4.7 意味表現の評価 · 113
　　4.7.1　意味的類似性予測タスク · 114
　　4.7.2　関係類似性予測タスク · 117
4.8 単語の意味表現ベクトルの可視化 · · · · · · · · · · · · · · · · · · · 119
4.9 分散的意味表現における行列分解 · · · · · · · · · · · · · · · · · · · 120
4.10 まとめ · 123

第5章　グラフデータの機械学習 · 125

5.1 リンク構造に基づくデータマイニング · · · · · · · · · · · · · · · · 125
5.2 グラフの定義 · 126
5.3 ページランク · 128
5.4 パーソナライズド・ページランク · · · · · · · · · · · · · · · · · · · 131
5.5 ラベル拡散法 · 132
5.6 チェイランク · 133
5.7 ページランクの応用例：スパムページの検出 · · · · · · · · · · 134
5.8 HITS · 135
5.9 シムランク · 136
5.10 まとめ · 137

第6章　順序学習 · 139

6.1 検索エンジンと順序学習 · 139
6.2 静的順序と動的順序 · 141
6.3 順序学習のための素性 · 142
6.4 順序学習手法の分類 · 145
6.5 点順序学習手法 · 146
6.6 対順序学習手法 · 150
6.7 リスト順序学習手法 · 152
6.8 まとめ · 155

付録 A 157

Appendix A

A.1 スカラー値をベクトルで微分 157

A.2 内積を片方のベクトルで微分 157

A.3 ℓ_2 ノルムの二乗をベクトルで微分 158

A.4 行列の特異値分解による行列近似 158

A.5 ソフトマックス関数 162

■ 参考文献 165

■ 索 引 173

Chapter 1

ウェブと機械学習

本章では，機械学習をウェブデータに対して応用し，さまざまな
ウェブのタスクがどのように解かれているかを紹介します．本章
で説明する概要を他章で詳しく解説します．

1.1 はじめに

　ワールドワイドウェブ (World Wide Web) やソーシャルメディア (social
media) は私たちの生活の様子を大きく変えました．知らない言葉は辞書で
はなく，検索エンジンを使って調べますし，近くの美味しいレストランや目
的地までの経路など，ウェブが普及する前は調べづらかった事柄も，簡単に
答えが見つけられるようになりました．オンラインショッピングでは，複数
の店舗の商品を比較・検討したり，お薦めの商品を提示してもらえるように
なりました．ブログ (blog) やソーシャルメディアが普及し，時間や場所にと
らわれず，コミュニケーションできるようになりました．平成 26 年度の総
務省の調査では，10 代や 20 代などの若い世代はテレビ（リアルタイム）よ
りもインターネットを利用する傾向が見られ，ソーシャルメディアやブログ
はインターネットの主要な利用目的になっています [70]．

　ウェブが社会の生活の場そのものになったことで，人々の知識や，意見，
行動，興味などが，ウェブ上で電子的に表現・蓄積されるようになりました．
見方を変えれば，ウェブそのものが人間の知識や活動の宝庫になり，テキス
ト，画像，動画といった多様かつ膨大なデータを提供しています．過去の検

索履歴を使って情報推薦を行う検索エンジン，自分と似た利用者が購入した商品を推薦する**協調フィルタリング** (collaborative filtering)，飲食店やホテルに関する評判情報を自動的に分析・可視化してくれるポータルサイトなど，ウェブデータに機械学習が応用されている事例は身近に溢れています．

1.2 ウェブから社会を観測する

ウェブやソーシャルメディアのデータを分析すると，どのようなことが分かるのでしょうか．ここでは，代表的な応用事例を紹介します．

話題抽出 (topic extraction)　ウェブやソーシャルメディア上で急速に言及・検索されるようになったキーワードや，関連するキーワードのグループを見つけることで，世の中で盛り上がっている話題を抽出します．キーワードの出現状況の統計分析や，時系列データにおいて急激に増加した事象を抽出する**バースト検出** (burst detection) などの手法が用いられます．

イベント抽出 (event extraction)　ウェブやソーシャルメディアを通して世の中で起こった出来事や個人の体験・行動を認識します．認識するイベントの種類は，場所や店の訪問，商品の購入，事故，渋滞，自然災害などさまざまで，調査したい内容に的を絞って分析する場合と，話題抽出のように世の中で盛り上がっているイベントを検出する場合があります．また，イベントに関与している主体（例えば訪問者や購入された商品など）やイベントが発生した場所・時間など，イベントの詳細を構造化された形式で抽出することもあります．

評判分析 (sentiment analysis)　ウェブやソーシャルメディア上の発言内容から，特定もしくは全般的なモノやコトに関する個人の主観的な感情や意見（ポジティブかネガティブかなど）を認識します．各個人の感情分析の結果を集約することで，世の中のムードや世論を調査することができます．

ユーザー・プロファイリング (user profiling)　ウェブやソーシャルメディアの利用者の属性（性別，年齢，職業，国籍，居住地など）や興味・関心のあ

ることを推定します．一部のウェブサービスやソーシャルメディアでは利用者がこれらの情報をプロフィール欄に記載することもありますが，非公開の場合はウェブの閲覧・検索履歴，ソーシャルメディア上の発言内容，友人関係などのデータから推定します．ユーザーの属性や興味・関心を認識しておくことは，イベント抽出や推薦の精度向上にも貢献します．

推薦 (recommendation)　知り合いと思われる利用者を紹介したり，興味をもつと思われる商品や情報を推薦します．ユーザー・プロファイリングで得られた利用者の興味に類似する投稿を推薦したり，協調フィルタリングなどの手法で近い興味をもつ利用者が好んでいる投稿を推薦します．推薦の手法は，ウェブやソーシャルメディアに提供された広告の配信を最適化する技術（アドテクノロジー）にも用いられています．なお，利用者個人にカスタマイズされたサービスを提供することを，**パーソナライゼーション (personalization)** と呼びます．

ネットワーク分析 (network analysis)　ウェブやソーシャルメディア上のさまざまな関係はネットワーク構造で表現することができます．例えば，利用者をノード，利用者間の友人関係をエッジとすれば，友人ネットワークを構成したことになります．このようなネットワーク構造に対して，特徴量（例えば次数中心性や媒介中心性など）を測定することで，ウェブやソーシャルメディア上で影響力の大きい利用者を抽出できます．また，クラスター分析を適用すると，類似しているニュース記事群や仲の良い友人のグループ（コミュニティ）を発見することができます．さらに，ネットワークの解析から，ソーシャルメディア上で情報が伝達する過程や，情報が急速に拡散する要因などを解明できます．

信頼性分析 (credibility analysis)　ウェブやソーシャルメディア上では，根拠に乏しい情報や間違った情報，嘘の情報も流れています．残念なことに，信憑性に乏しい情報を故意に発信している利用者もいます．信頼性分析は，発言や友人ネットワーク，他人から寄せられた発言（評価）などの手がかりに基づいて，ソーシャルメディア上の利用者や情報の信頼度を推定します．

4 **Chapter 1** ウェブと機械学習

スパム検出 (spammer detection)　ウェブやソーシャルメディア上には，一方的に発信されている好ましくない情報や，**ボット** (bot) と呼ばれるプログラムで自動的に生成された情報も流れています．このような情報が流れる理由はさまざまですが，ウェブやソーシャルメディア上で発言を増やすことで影響力を高めたり，口コミを人為的に発生させる**バズ・マーケティング** (buzz marketing) を狙うことが一因となっています．スパム検出で好ましくない情報（スパム）やその発信者（スパマー）を認識することで，これらをウェブやソーシャルメディア上から除去したり，分析の対象から除外することができます．

危機対応・管理 (crisis management)　ソーシャルメディアでは情報の発信や拡散が，リアルタイムかつグローバルに行われます．この特徴が威力を発揮するのが，自然災害，戦争，暴動などの危機事態です．2010 年から 2012 年までの「アラブの春」と呼ばれる大規模反政府デモでは，ソーシャルメディアでデモ参加の呼びかけが行われ，運動やその背景に関する認知度が高まりました．2011 年に発生した東日本大震災では，ソーシャルメディアが安否確認，救助要請，支援要請などの情報交換に活用されました．一方で，根拠に乏しい風説や真偽不明の情報も流れ，社会の混乱を増長したともいわれています．また，2011 年にイギリスで発生した暴動では，ソーシャルメディアが暴動を助長しました．このように，正と負の両方の側面があるソーシャルメディアを活用し，社会の危機を迅速に検出し，その危機に対応する試みが行われています．

　このように，ウェブやソーシャルメディアの履歴データの分析には多岐にわたる応用がありますが，これらの分析の根底には，ある共通の目標があります．それは，ウェブやソーシャルメディアの利用者や投稿内容を，実世界の実体（人物，会社，組織，場所など）や事象（出来事，体験など）と，その関係（友人関係や事象への関与など）に対応付け，そこから意思決定などに活用できる知見を得ることです．

　話題抽出やイベント抽出，感情分析はウェブ上のデータを通して，実世界の事象や人々の感情・意見を観測します．ユーザー・プロファイリングはウェブの利用者の人物像に迫り，その人物の実世界での知り合いを見つけたり，

実生活で役立ちそうな情報を推薦します．信頼性分析やスパム検出は，ウェブ上の利用者や投稿内容が，事実・真実をどの程度反映しているのかを推定します．危機管理は，ソーシャルメディア上のデータから実世界の危機を検知し，その対応策を決定するのに必要なエビデンスを示します．このように，ウェブやソーシャルメディアを分析することは，データを通して人や社会を理解し，その知見を役立てるための手段といえます．

1.3　データ分析の段階

　ウェブやソーシャルメディアのデータ分析の共通の目標を説明しましたが，その分析内容には段階があります．ここでは，ビッグデータ分析での分類を元に，ウェブやソーシャルメディアのデータ分析を3つの段階に分類してみます [21]．

現象記述的な分析 (descriptive analysis)　データから，過去および現在の状況・現象を理解します．この分析では，統計，分類，クラスタリングなどの手法を用い，ウェブ上でのさまざまな状況・現象を図，グラフ，表，テキストなどで調査します．分析結果から調査したい内容が明確化された場合は，調査手法を再検討・改善していきます．ソーシャルメディアを対象とした分析では，一般の利用者がソーシャルメディア上で発信している情報をデータとして，社会の動向，意見，感情，興味などを分析します．例えば，ソーシャルメディア上で良く言及されるキーワードを時系列で分析すれば，世の中の盛り上がりやトレンドを認識できます．また，「インフルエンザで学校を休んだ」のような発言を地域別に集計すれば，**公衆衛生監視** (public surveillance) に役立ちます．このように，ソーシャルメディアの声を聞く（傾聴する）分析は，**ソーシャルリスニング** (social listening) と呼ばれます．

未来予測的な分析 (predictive analysis)　過去のデータに含まれる現象やパターン，相関の分析から，未来の状況・現象を予測します．選挙での応用例では，例えば「週末の総選挙では○○候補に当選してほしい」のような発言から，○○候補の当落を予測できます．さらに，「TPP には反対」という反対表明と，「△△に投票した」という過去の発言の相関から，TPP に反対す

る層の投票行動を予測できます．他にも，マーケティングなどで消費者の購買意欲や行動を予測するのにソーシャルメディアのデータが活用されています．また，利用者の友人関係や発言履歴から，将来的に友人として承認されそうな利用者を推薦したり，興味のありそうな情報・商品を提案する**パーソナライズド推薦** (personalized recommendation) も，未来予測的な分析の応用事例といえます．

戦略指示的な分析 (prescriptive analysis)　ある目的を達成するための戦略を最適化する分析です．未来予測的な分析に似ていますが，未来を予測するだけでなく，達成したい未来に向かって最良な戦略を決めることが本質的に異なります．選挙の応用例では，ある候補者の当落を予測するのではなく，候補者が当選するために取るべき行動（例えば演説での発言内容）をソーシャルメディアのデータなどから決めます．また，ある商品の売上を最大化するために広告に含めるべきキーワードをウェブデータから決めたり，ウェブ上で**クリック率** (click through rate) を最大化するような広告を表示することも，戦略指示的な分析といえます．

1.4　ウェブデータの特徴

　ウェブデータの分析には，機械学習，統計分析，自然言語処理，画像処理などのさまざまなデータマイニング技術が応用されています．また，ウェブやソーシャルメディアには個人による情報発信や拡散性，即時性，双方向性などの魅了的かつ挑戦的な特徴があります．次節以降で個別の分析手法を紹介する前に，ウェブのデータを構成する要素をまとめます．

ユーザー　ウェブを利用する主体のことを**ユーザー**と呼びます．基本的にウェブやソーシャルメディアでは，誰もが情報を受発信できます．新聞やテレビなどのマスメディアでは，新聞社やテレビ局に所属する専門家（新聞記者など）が情報を発信していましたが，ウェブでは専門家ではない一般の個人も情報を発信できます．もちろん，企業や政府，自治体，サークルなどの組織や，芸能人，スポーツ選手などの有名人，政治家，学者などの知識人もウェブやソーシャルメディアを利用していますが，利用者の大半を占めるの

は商業的な動機に基づかない一般の個人です.

コンテンツ　ウェブのユーザーはテキストや画像,動画などのメディア（媒体）で情報を発信します.各サービスの特徴に応じて,用いられるメディアが異なります.例えば,ニュース記事やブログではテキストや画像が主なメディアになります.Twitter や Facebook でも,テキストが主なメディアになりますが,画像や動画が添付されることがあります.一方,Instagram では画像が主なメディアになり,テキストは補助的な役割を担います.このように,ウェブ上のサービスではテキストや画像が主なメディアになることが多いですが,訪れた場所（Foursquare）,聞いている音楽（last.fm）,ソースコード（github）など,特徴的なメディアが用いられることがあります.また,ブログのコメントやトラックバック（trackback）,Twitter のリプライ,Facebook のコメントのように,対話的な情報のやりとりもあります.さらに,コンテンツが作成された日時や場所,テキストの中で言及されている人物や写真に写っている人物など,**メタデータ**と呼ばれる補助的な情報をデータに付加しているサービスもあります.これらを含めて,ウェブ上で流れる情報のことを**コンテンツ**と呼びます.

ソーシャルネットワーク　ソーシャルメディアでは,ユーザー同士が友人・知人・フォロワーなどの社会的な関係を形成し,ユーザー同士の社会的な繋がりによるネットワーク,すなわち**ソーシャルネットワーク**が形成されます.各サービスはソーシャルネットワークのデータを活用し,友人の誕生日のメッセージや,友人の友人の推薦など,コミュニケーションを促進する仕掛けを導入しています.さらに,ソーシャルネットワークは社会的な繋がりだけでなく,情報伝播ネットワークを構築します.例えば,Twitter であるユーザーを「フォロー」すると,そのユーザーが発信する情報が自分のタイムラインに表示されるようになります.これは,そのユーザーから自分に向けて情報伝達経路を確立したと捉えることもできます.Facebook であるユーザーを「友達」に追加すると,そのユーザーと自分との間に双方向の情報伝達経路が確立されます.各ユーザーの社会的な繋がりが情報伝達経路を形作るというのは,ソーシャルメディアの特徴の1つです.

引用 ソーシャルメディア上の情報拡散は，発信元が生産したコンテンツをフォロワーや友達が消費するだけでは終わりません．面白いコンテンツや有用なコンテンツは，受け取ったユーザーがさらに自分のフォロワーや友達に転送することで，爆発的に情報が拡散します．例えば Twitter 上で，あるコンテンツを「リツイート」すると，そのコンテンツは自分のフォロワーに拡散していきます．さらに，コンテンツをフォロワーに拡散する際に，自分のコメントを追加することもできます（引用リツイート）．コンテンツに対する「リツイート」が多段的に繰り返されることで，情報の発信元のフォロワーだけでなく，多くのユーザーのソーシャルネットワークを介して情報が拡散します．

　ソーシャルメディア上で拡散するのはコンテンツだけではありません．コンテンツの中に URL が含まれていると，その URL のウェブ上のコンテンツが間接的に拡散します．例えば，災害の発生や有名人の訃報など，突発的な事象が起こった際は，その事象に対する情報や意見とともに，その事象の発生の根拠としてオンラインニュースの記事が引用されます．また，個人が書いたブログ記事や企業のプレスリリースなどの URL をコンテンツとしてソーシャルメディアに投稿することで，ブログやプレスリリースのアクセス数を増やす効果が期待できます．本書では，ソーシャルメディア上のコンテンツやインターネット上のコンテンツを自分のソーシャルネットワークに拡散させる仕組みを，総じて**引用**と呼びます．新聞社や放送局などの少数の主体が非常に多くの人々に情報を伝達するマスメディアとは異なり，ソーシャルメディアの情報拡散は各ユーザーの主体的な引用によって生じます．

行動 これまでに説明したコンテンツの発信・引用，ソーシャルネットワークの形成以外にも，ユーザーはさまざまな**行動**をとります．代表的なものは，Facebook の「いいね！」や Twitter の「いいね」のように，他人のコンテンツを賞賛する行動です．また，ユーザーがコンテンツを閲覧したり，ユーザーのプロフィールを閲覧したり，コンテンツ内の URL をクリックする，あるユーザーをフォロワーや友達に追加するなど，ソーシャルメディア上のすべての行動履歴をデータに保存しておけば，さまざまな分析に役立ちます．

1.5 ウェブデータの種類

　ウェブ上にはテキスト，画像，動画といったさまざまな形式のデータが存在します．これらのデータに対し，機械学習のアルゴリズムを適用する際には，これらのデータを何らかの抽象化された形で表現しなければなりません．この前処理 (pre-processing) はデータの形式と応用したい機械学習アルゴリズムによって変わってきます．例えば，ウェブページを自動的にいくつかのカテゴリーに分類する**文書分類** (text classification) の問題を考えましょう．文書分類は，新聞記事を「政治」,「経済」,「スポーツ」などといった事前に決められたカテゴリーに分類するタスク，ユーザーがオンラインショッピングサイトである商品について書いた口コミを「良い評判」,「悪い評判」として分類する**評判分類** (sentiment classification) のタスク，電子メールを「スパム」かそうでないかに分類する**スパム判定** (spam detection) のタスクなどさまざまな場面で発生します．この場合，分類対象となるのは 1 つの記事なので，それをベクトルとして表現できれば，**サポートベクトルマシン** (support vector machine, SVM)，**パーセプトロン** (perceptron)，**ロジスティック回帰** (logistic regression) などの分類器学習アルゴリズムが適用可能となります．

　記事をベクトルとして表現するための有名な手法として **bag-of-words**（**単語袋詰め**）モデルがあります．このモデルでは文書は単語が入った袋として見なし，文書中で単語の出現順序を無視しています．ベクトルの各次元はどれか 1 個の単語に対応しており，その次元の値は文書中でその単語が何回出現しているかという出現頻度を表します．この表現はもちろん元の文書を完璧に表しているわけではありません．例えば，元の文書では隣り合う関係にあった単語は bag-of-words モデルを使ったベクトル表現では異なる位置に配置されてしまいます．さらにいえば，元の文書では異なる文に含まれていた単語がこの表現ベクトルでは同じ次元として射影されます．このように，bag-of-words モデルは元の文章を完全には表現していませんが，何らかの抽象化した中間表現で学習事例を表現しないと，機械学習のアルゴリズムが適用できません．どのような表現を使えば良いかは，扱うデータ，解きたい問題などさまざまな要因によって変わってきます．画像の場合は，ピクセ

10　**Chapter 1**　ウェブと機械学習

ルの色や強さ，動画や音声ならばスペクトラムといったデータの形式に依存
した表現方法が使われています．なお，**表現学習** (representation learning)
では基本的な特徴（単語，ピクセルなど）からそのデータを表現するために
最も良い組み合わせを自動的に学習する手法が提案されています．表現学習
については本シリーズの『深層学習』を参照してください．本書では主に，
ウェブのテキストデータにおける機械学習アルゴリズムを紹介します．

　ウェブから収集できるデータには，教師ラベル[*1] が付けられたものとそう
でないものが存在します．このことを評判分類学習を例として，詳しく見て
みましょう．Amazon や楽天のようなオンラインショッピングサイトでは商
品を購入した客がその商品について口コミ情報を残します．さらに，点数を
付けて購入した商品を評価します．これは評判分類器を学習するための学習
データとして用いることができます．例えば，5 つの段階で評価されている
場合，1 または 2 星が付けられたレビューは悪い評判（負例），4 または 5 星が
付けられたレビューは良い評判（正例）として二値分類器を学習することが
できます．3 星のレビューは評判については曖昧なことが多く，正例か負例
か判断しにくいため，学習データから除外します．これは評判分類器を学習
するために必要なラベル付きデータを容易にウェブから獲得できる例です．

　一方，ウェブ上にはラベルが付けられていないデータ（ラベルなしデータ）
が大量に存在します．例えば，文書分類器を学習する場合，ウェブページ，
オンライン新聞，Wikipedia のような人手で書かれたテキストを使って，単
語間の類似性を計算することができます．例えば，「野球」という単語がス
ポーツを表す学習データの中に含まれていれば，野球という単語を含んでい
れば，その記事はスポーツに関する記事であるというルールが学習できます．
しかし，「テニス」という単語が学習データの中に含まれていなければ，ラベ
ル付きデータのみからテニスも野球同様，スポーツであることを学習するこ
とができません．一方，ラベルなしデータとして文書が存在していれば「野
球」と「テニス」は共起することが多いということを認識できます．この情
報を使って，「野球」という特徴が出現している場合，「テニス」という特徴
も同じように出現しやすいということが学習できます．このようにしてラベ
ルなしデータを使うことで，文書分類の精度を向上させることができます．

---

　*1　学習事例がどのクラスに分類すべきかを示すラベル．

これはウェブデータを使った**半教師あり学習** (semi-supervised learning) の例です.

ウェブではラベル付きデータを低コストで集められる場合が多いです. 例えば, ウェブ検索エンジンを使って情報を検索する際に, 我々はキーワードを入力し, 得られた検索結果を見て, その中からどれかのリンクをクリックしています. その場合, クリックしたリンク先を検索エンジンが記録します. あるユーザーがあるキーワード Q を入力した場合, 検索結果として 3 つのページ d_1, d_2, d_3 がその順番で表示されたとします. さらに, このユーザーは 3 番目に順序付けられたページ d_3 のみをクリックしたとします. これは, このユーザーが Q に関して検索エンジンが 1 番目にランクした d_1 と 2 番目にランクした d_2 より, 3 番目にランクした d_3 の方が関連性が高いと判断したとして解釈できます. 無論, 間違ってクリックすることも, d_1 と d_2 の内容を十分理解せずに d_3 をクリックすることもあり得ます. しかし, 多数のユーザーが Q に対し, d_3 を先にクリックするのであれば, 検索エンジンはこの情報を使って d_1 と d_2 より先に d_3 を上にランクすべきであるということが学習できます. ウェブ検索エンジンは多くのユーザーが日常的に使っているので, このような**半順序** (partial ordering) を教師データとして集めることができます. 検索エンジンはこの情報を使ってより良い順序付け関数を学習しています. これはウェブで間接的にラベル付きデータを収集する手段として見ることができます. ほかの有名な例として, Facebook でユーザーがアップした画像を使う例が挙げられます. Facebook では, ユーザーがアップした写真に写っている人物・ものをタグ付けしており, この画像を使えば画像認識アルゴリズムが学習できます. このようにウェブのアプリケーションではユーザーを上手く誘導することで, ユーザーの負担にならない範囲で教師あり学習アルゴリズムを学習させるために必要なラベル付きデータを容易に集めることができます.

1.6 ウェブデータで機械学習を行う際の課題

ウェブは機械学習を行うために必要なデータが容易に収集できるデータ源として紹介しましたが, 実際にウェブデータを使って機械学習を行ううえで解決しなければならない課題が多数存在します. 次に, これらの課題を説明

12　**Chapter 1**　ウェブと機械学習

します.

1.6.1　データの量に関する課題

　ウェブ上には大量のデータが存在しますが,このデータをすべて機械学習に使用するのは不可能です.計算機の能力が向上し,コストも安くなっていますが,それでもウェブ規模のデータを保存するだけでも大変なリソースが必要となります.なお,ある目的を達成するために機械学習を使う場合,ウェブのすべてのデータを使うのではなく,そのタスクを学習するために必要なデータのみを優先的に選択する必要があります.例えば,レストランに関する評判を分類するために評判分類器を学習する場合,レストラン以外に関する評判情報を使うと分類器の性能が悪くなる可能性があります.これは同じ評判記事であっても対象とする商品によって使われる表現が異なるからです.例えば,「レストラン」に関する良い評判を表す場合,「美味しいレストラン」という表現が良く使われ,「映画」に関する良い評判を表す場合,「美味しい映画」とはいわず,「面白い映画」という表現が使われます.したがって,レストランに関するラベル付き(ここでは良い評判ラベルと悪い評判ラベルとして2種類のラベルを扱います)記事から評判分類器を学習しても,それは映画に関する評判を分類するには適さないという問題が生じます.ある目的を達成するために必要な学習データをウェブから効率良く収集するのは,ウェブデータを使って機械学習を行う場合,最初に直面する重要な課題の1つです.

　あるウェブページから出発し,そのページからリンク付けられているページを順番に辿りながらウェブページを収集する作業は**クローリング** (crawling) と呼ばれています.ウェブ検索エンジンのようにウェブ上のすべての情報を網羅的に集める場合は,ある特定の分野に限定せずに,より一般的にクローリングを行う必要があります.これに対し,ある特定の分野,または特定のキーワードを含むウェブページのみを収集することは**限定クローリング** (focused crawling) と呼ばれています.例として,ある特定の人物に関する情報を収集するために限定クローリングを行う場合を考えましょう.そのためには,まずその人物の名前でウェブ検索し,検索結果として返されるウェブページを順番にダウンロードします.しかし,その人名をもつ同姓同名人物が複数存在する場合,この方法で集められるウェブページのすべてが対象

とする人物に関するものとは限りません．同姓同名人物に関する検索結果を除去するために，例えば対象とする人物を表すキーワード（例えば職業，国籍，所属など）を検索クエリに追加します．この方法では同姓同名に関する検索結果が減りますが，同時に目的とする人物に関する検索結果も少なくなります．つまり，学習に使うデータの量と目的タスクとの関連性にはトレードオフの関係があります．より多くのキーワードを追加し検索クエリを限定すれば，より関連性の強いウェブページを集めることができますが，同時に得られるページ数が減ります．機械学習の精度は学習データの質と量の両方に依存するので，限定クローリングでデータを集める際には検索クエリの調整が必要となります．

　限定クローリングで得られる学習データであっても，まだ量が大きい場合はさらに工夫が必要となります．例えば，学習データをすべて同時にメモリ上に読み込めない場合があります．そのような場合，学習データ全体から同時に学習を行う**バッチ学習** (batch learning) は困難です．この問題への有効な対策として，より少ない事例数からなる**ミニバッチ** (mini-batch) を対象に学習を行う**ミニバッチ学習** (mini-batch learning) があります．通常，ミニバッチの大きさとして10〜100個の学習事例を使います．なお，ミニバッチのサイズを学習事例1個に限定し，1度に1個の学習事例のみを使って学習モデルの更新を行うことを**オンライン学習** (online learning) と呼びます．ウェブのような膨大なデータ源から学習する場合，オンライン学習アルゴリズムが大変役立ちます．オンライン学習に関しては，本シリーズの『オンライン機械学習』[68] を参照してください．

　ウェブデータに対し，機械学習を行う際に学習データの量が多すぎて，学習データが1台の計算機で処理できない場合があります．そのような場合，広く用いられる解決手段の1つとして**分散学習** (distributed learning) があります．分散学習では学習データを事前に分割し，複数の計算機で個別に学習させ，学習が終わったらすべての学習済みモデルを統合します．時系列データのように学習事例間で明確な順序がある場合はいくつかの重ならない時間的な区間に分割することで学習データの分割を行うことができます．そうでない場合は，似たような特徴を多く含んでいる学習事例を1つの分割に入れる，あるいはまったくランダムに分割するなどさまざまな手法が存在します．ここで注意したいのは，一般的に分割して学習させたモデル（学習し

た結果）を単に足し合わせただけでは元の学習データ全体を使って学習させ
たモデルには必ずしもならないということです．例えば，ある学習事例を正
しく分類するために必要な情報がその学習例を含む分割（計算機）の中には
存在せず，別の計算機と学習結果を共有しなければなりません．しかし，分
散処理を効率的に行うためには，なるべく計算機間の通信（データの送受信）
を減らさなければなりません．例えば，パーセプトロンの分散学習では，単
に個別に学習させたモデル（重みベクトル）の平均を取ることができず，特
徴量間の相関を考慮する必要があります[40]．一方，多くの実用的な場面で
は，学習データをランダムに分割し，それぞれの分割を使って独立に学習を
行い，最終的に学習させたモデルを足し合わせるという簡便な方法を取って
います．

1.6.2　データの質に関する課題

　ウェブデータは大量に存在しますが，その質は必ずしも良いものではあり
ません．この問題を具体的に説明するために，先に取り上げた評判分類器学
習を考えましょう．Amazon や楽天など多くのオンラインショッピングサイ
トから，さまざまな商品に関するレビューを容易に得ることができます．こ
れらのレビューを書いたユーザーは自分で評判のレーティング（例えば5段
階評価で）をしているので，一見，これらのデータは学習データとして低コ
ストで容易に使えるリソースに見えます．しかし，良い内容の評判を書いて
いても低い点数を付けているユーザーや，その逆で高い点数を付けているが
良い評判を書いていないユーザーが存在します．この問題は機械学習では**ラ
ベル雑音** (label noise) と呼ばれています．つまり，学習事例に付けられた
ラベルが完全には信用できないという問題です．ラベル雑音を無視し，すべ
ての学習事例を正確に分類しようとすると，雑音に敏感な分類器が学習され
てしまいます．ラベル雑音が含まれない場合と比べ，ラベル雑音を正確に予
測するには，より複雑なモデルを学習しなければなりません．しかし，その
ような複雑なモデルを学習できたとしても，それは学習データに存在する雑
音に強く依存しているため，実際にその学習済みのモデルが適用されるデー
タ（テストデータ）に対して正しく予測できないという問題が生じます．機
械学習では学習データに強く依存し，テストデータに十分汎化できない問題
は**過学習** (overfitting) と呼ばれています．

1.6 ウェブデータで機械学習を行う際の課題　15

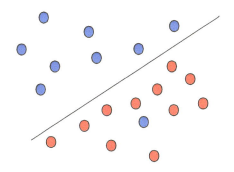

図 1.1 ラベル雑音付きのデータセットを示しています．正例（青点）と負例（赤点）に対し，線形分類器を学習する問題を考えます．負例に 1 つのラベル雑音が混ざっているため，線形分離不可能となります．

　ラベル雑音による過学習問題を図 1.1 を使って詳しく見てみましょう．図 1.1 では青点で示す正例と赤点で示す負例からなるデータセットを示しています．このデータセットの正例と負例を分離するための二値分類器を学習するタスクを考えましょう．正例と負例がほぼ綺麗に 2 つのグループに分かれていますが，1 つの正例が負例の中に入ってしまっているため，**線形分離不可能** (linearly non-separable) となっています．このような場合は間違ってラベル付けされている正例を移動させることで線形分離可能なデータに人工的に変更し，それに対し，線形分類器を学習させることができます．しかし，このように人工的にデータ点を移動させると，元々のデータに含まれていた情報が失われるため，移動させる距離の総和を最小化しなければなりません．サポートベクトルマシンのような分類器では**スラック変数** (slack variables) を導入することによって，正例と負例の分離平面間の距離（マージン）を最大化させると同時に，各点に対するスラック変数の値の総和を最小化しています．スラック (slack) は英語で「緩み」を意味し，データ点についてどれくらいの移動を許可するかを表しています．したがって，サポートベクトルマシンのようなスラック変数付きの分類器を使うことで，多少ラベル雑音に強い学習を行うことができます．サポートベクトルマシンについては本シリーズの『サポートベクトルマシン』[71] を参照してください．

　ラベル雑音を除外するために有効な手法として，まずすべての学習データ

16　**Chapter 1**　ウェブと機械学習

をクラスタリングし，クラスター中心から離れた異常な学習事例を取り除く手法があります．例えば，図 1.1 で示したように正例として間違ってラベル付けられた負例が学習データ中に存在していれば，その学習事例は正例を表すクラスターの中心から離れ，負例を表すクラスターに近いことが考えられます．ラベル雑音付きの学習データはウェブデータを使ったさまざまな学習問題で見られます．例えば，検索エンジンでは検索結果の順序学習のためにユーザーがクリックしたページを使いますが，その際に間違ってクリックしたページがあれば，それは順序学習においてラベル雑音となります．間違ってラベル付けられたデータ点数が少なければ，異常検知の手法を用い，そのような間違ってラベル付けられたデータ点をあらかじめ検知し，学習データから除外することができます．異常検知アルゴリズムについては本シリーズの『異常検知と変化検知』[66] を参照してください．

　ラベルの割り当ては正確であっても，学習事例として使うレビューの中に新語，スペルミス，俗語，文法的な誤り，構文的な誤りなどさまざまな複雑な変化の要因が存在します．特に，新聞記事や書籍など執筆後に校正され，ミスがあれば修正される文書と異なり，ウェブから入手できるソーシャルメディアデータはほとんど校正されないため，そのようなデータから学習する場合は注意が必要です．特に，日本語や中国語のように空白で単語の境界を指定されない言語では，機械学習を行う前に文書を単語に分割する必要があります．文書を単語に分割することは**形態素解析** (morphological analysis) と呼ばれています．

　当然ながら形態素解析は機械学習を行う前に行われる前処理であるため，間違った形態素解析によって本来存在しない単語列に分解されてしまったら，そこから学習した結果も正しくありません．したがって，正しく形態素解析を行うことが日本語や中国語のような言語における機械学習では大変重要になります．特に，新語や俗語など形態素解析器の辞書に含まれていない単語が文書中に出現する場合，形態素解析結果に誤りが生じる可能性があります．多くのスペルミス，新語，俗語などは，ルールあるいは辞書を用いることで，認識することができます．形態素解析は自然言語処理において機械学習が適用された有名な例の 1 つです．形態素解析は与えられた文字列をどのように分割すると対象とする言語において最も自然な単語列となるかを学習する**系列ラベリング** (sequence labeling) の問題と見ることができます．**隠**

れマルコフモデル (hidden Markov model, HMM) や条件付き確率場 (conditional random field, CRF) を用いた形態素解析手法が提案されています. 興味のある読者は文献 [39] を参照してください.

1.6.3 学習データの多様性に関する課題

ウェブから集めた学習データは多様性に富んでいます. 例えば, Amazon のようなオンラインショッピングサイトには書籍, 衣類, 電化製品, 食料などの多岐にわたる商品に関する評判情報があります. それらは, 新商品が発表されるたびに, それらに関する評判もまたユーザーによって新しく記述されます. ラベル付きレビューから評判分類器を学習しようとしても, すべての商品カテゴリーごとに個別に分類器を学習するのは極めてコストがかかる作業です.

さらに, 新商品が販売されてしばらく時間がたたないと, 学習のために十分な量のレビューデータが集まらないこともあります. 例えば, Apple が新しい iPhone を来週販売する予定があるとしましょう. 現段階ではまだ, この新 iPhone に関する評判分類器を学習できるために十分な量のレビューが存在しないため, この新 iPhone に関する評判を自動的に分類できる分類器が学習できません. この問題を解決する 1 つの有力な手段として, 既存の iPhone に関するレビューから学習したモデルを新しい iPhone に関する評判を分類するために使うということが考えられます. 既存の iPhone と新しい iPhone は性能, 値段, 機能の面では多少異なる点もあるかもしれませんが, 似ている属性が多いと仮定できるため, 既存の iPhone に関するレビューから学習したモデルであっても新 iPhone に関するレビューを正しく分類できることが期待できます. このように学習したデータと適用されるデータが多少異なる場合で機械学習を行うことは**ドメイン適応** (domain adaptation) と呼ばれています. ウェブデータから商品, レストランなどに関する評判を学習する手法と, その場合のドメイン適応手法については 3.10 節で詳しく説明します.

1.6.4 プライバシーに関する課題

ウェブデータは一般公開されている場合がほとんどですが, その多くは情報を発信者に事前に承諾を取ることなく使って良いものではありません.

18　**Chapter 1**　ウェブと機械学習

ウェブデータを使って機械学習を行う場合は，まず，そのデータをどの範囲で学習に使って良いか，学習した結果を元にどのような予測をして良いかを調べる必要があります．特に，ソーシャルメディアのデータを使った機械学習では，ユーザーの承諾を得ないといけない場合があります．例えば，ユーザーの個人情報に関わるデータを使って機械学習を行う場合は，個人情報保護法をはじめ，その国あるいは地域に関連する法律に抵触する場合もあります．また，ウェブのように多くのユーザーが情報発信をしている場では，誰が情報を発信しているかを把握することが容易ではありません．無記名やアダ名を使って情報発信していることも少なくありません．情報発信者が特定できたとしても，そのすべての人から承諾を得るのは困難です．そこで，データを暗号化したり，一部の属性を匿名化したりなどし，ユーザーが特定できないようにしてデータマイニングを行う**プライバシー保護データマイニング**(privacy preserving data mining, PPDM) が注目を集めています [18, 19, 57]．

Chapter 2

バースト検出

ウェブ上では，ブログやソーシャルメディアでの投稿，ウェブサーバへのアクセス，ウェブサイトの検索，オンラインショッピングサイトでの購買など，さまざまな活動がリアルタイムで発生します．これらの活動は，その発生時刻とともに履歴データ（ログ）として記録されます．ウェブが社会のインフラになったことで，履歴データから人々の知識，意見，行動，興味などを把握することが可能になりました．例えば，特定の期間に急増した検索キーワードを見つけることで，社会の関心を調査できます．また，「インフルエンザ」というキーワードがソーシャルメディア上で言及される回数に着目することで，インフルエンザの流行状況をモニタリングできます．本章では，ウェブ上の活動の盛り上がり（バースト）を検出する方法について解説します．

2.1 はじめに

表 **2.1** は，2011 年の東日本大震災前後に「地震」という単語を含むツイートを履歴データとして表現した例です*1．このデータでは，先頭のツイートから最後のツイートまで通し番号（ID）が振られています．先頭のツイートは 2011 年 3 月 9 日の午前 1 時 55 分 29 秒に投稿され，2 時 12 分，7 時 42 分のツイートが続きます．その後のデータを途中省略していますが，3 月 11

---

*1　この履歴データは著者らが適当に作例しました．ツイートの投稿時刻や投稿内容は仮空のものですが，東日本大震災発生当時の状況をできるだけ再現するようにしました．

表 2.1 東日本大震災時のツイートの履歴データの例.本文に「地震」を含むツイートのみ収録.

ID	時刻	ツイートの内容
000000001	2011-03-09 01:55:29	地震が来そうなので非常食を準備しなきゃ.
000000002	2011-03-09 02:12:06	地震を伝えてくれる便利なアカウントはないかな?
000000003	2011-03-09 07:42:49	そういや今日地震きてないな
……	……	……
000004914	2011-03-11 14:46:58	地震
000004915	2011-03-11 14:46:58	地震なう
000004916	2011-03-11 14:46:58	地震でかい
000004917	2011-03-11 14:46:58	地震!!
000004918	2011-03-11 14:46:58	■■緊急地震速報■■ 宮城県沖で地震　最大震度 4　…
000004919	2011-03-11 14:46:58	地震でけー!!
……	……	……
005979575	2011-04-03 23:59:54	また宮城県で地震か.長く続くというのは本当なんだな.

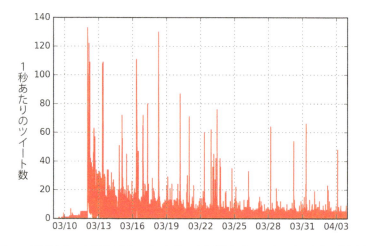

図 2.1　「地震」という単語を含むツイート数の時系列推移 (2011 年の東日本大震災直後).

日 14 時 46 分の地震発生直後から,地震の発生を伝えるツイートが頻繁に,かつ断続的に投稿されています.

図 2.1 は,時刻を横軸,ツイート数を縦軸として,表 2.1 のデータを 1 秒

ごとにプロットしたグラフです[*2]. 3月11日14時46分までは,「地震」という語を含むツイートが投稿されることはまれで,多いときでも1秒間に10件未満のペースでした. 東日本大震災の本震発生後,「地震」を含むツイートが急増し,1秒間に100件以上ツイートが投稿されるときもありました. その後も,3月13日,3月16日,3月18日などで,ツイート量の急増が見られます.

図2.1の履歴データからツイート量の急増をリアルタイムに検出し,アラートを出すには,どのようにすれば良いでしょうか? 最も単純な方法は,あらかじめ閾値を定めておき,ツイート量がその閾値を超えたときにアラートを出すことです. 東日本大震災発生以前は「地震」を含むツイートの件数が10 [ツイート/秒] 未満でしたので,例えば閾値を10に設定しようと考えたとします. ところが,東日本大震災以降は定常的に「地震」を含むツイートが投稿されるようになり,ツイートの傾向が大きく変化しました. 閾値を10に固定していると,震災後は常にアラートが出るようになってしまい,3月13日や3月16日などの特異な増加を見逃してしまいます.

本章では,このような履歴データから活動の一時的な盛り上がり,すなわちバースト (burst) を検出する手法を紹介します. ウェブ上ではソーシャルメディアへの投稿やサーバへのアクセス,購買など,さまざまな活動が発生します. 説明に一般性をもたせるため,以降ではあらゆる活動の発生を**シグナル** (signal) の発生と総称します.

2.2 移動平均線収束拡散法

先ほど,シグナルの量だけでバーストを検出するのは困難であることを説明しました. そこで,現在のシグナルの発生量と過去の傾向を比較することで,シグナル発生の傾向を自動的に把握することを考えます. そのための準備として,シグナルの発生量を定量的に表現する記法を導入します.

時刻 t_0 から時間間隔 Δt ごとにシグナルの量を T 回計測した時系列データを $F = (f_1, f_2, ..., f_T)$ で表現します. i 番目に計測したシグナルの量を f_i と書くと,f_1 は時間区間 $[t_0, t_0 + \Delta t)$ におけるシグナル量,f_2 は時間区間

[*2] ホットリンク社から提供を受けた履歴データに基づき,ツイート量を計測しました. 東日本大震災の発生当時の状況を反映したグラフとなっています.

22   **Chapter 2**   バースト検出

表 2.2　シグナルの量を表す時系列データの例（$\Delta t = 1$[分], $t_0 = 2011$ 年 3 月 16 日 7 時 0 分）.

i	f_i	Δf_i	時刻	i	f_i	Δf_i	時刻
1	366	—	2011-03-16 07:00:00	28	354	-27	2011-03-16 07:27:00
2	293	-73	2011-03-16 07:01:00	29	386	32	2011-03-16 07:28:00
3	357	64	2011-03-16 07:02:00	30	1341	955	2011-03-16 07:29:00
4	353	-4	2011-03-16 07:03:00	31	1578	237	2011-03-16 07:30:00
5	343	-10	2011-03-16 07:04:00	32	1385	-193	2011-03-16 07:31:00
6	352	9	2011-03-16 07:05:00	33	4485	3100	2011-03-16 07:32:00
7	363	11	2011-03-16 07:06:00	34	5169	684	2011-03-16 07:33:00
8	302	-61	2011-03-16 07:07:00	35	4901	-268	2011-03-16 07:34:00
9	312	10	2011-03-16 07:08:00	36	4945	44	2011-03-16 07:35:00
10	299	-13	2011-03-16 07:09:00	37	4875	-70	2011-03-16 07:36:00
...	...	...	...	...	...	...	...

$[t_0+\Delta t, t_0+2\Delta t)$ におけるシグナル量，f_i は時間区間 $[t_0+(i-1)\Delta t, t_0+i\Delta t)$ におけるシグナル量を表します．データの時間解像度 Δt に応じて，時系列データの粒度（時間解像度）が変化します．例えば，$\Delta t = 1$[秒] とすれば，秒単位の細かい時系列データになります．$\Delta t = 1$[時間] とすれば，1 日が 24 個のシグナル量で表現され，朝，午前中，午後，夕方，夜などの傾向を掴むことができます．$\Delta t = 1$[日] とすると，シグナルの傾向を日単位でおおまかに捉えることになります．

　表 2.2 に時系列データの例，図 2.2 に時刻 i を横軸，シグナル量 f_i を縦軸としてプロットしたグラフを示します．表 2.2 および図 2.2 のデータでは，時刻 $i = 29$ 以前は各時刻のシグナル量が 300 程度で推移しています．ところが，時刻 $i = 30, ..., 34$ あたりでシグナル量が急増し，ピーク時 $(i = 34)$ にはシグナル量が 5169 に達します．その後，多少のばらつきはあるものの，シグナル量は緩やかに減少していきます．

　このデータからシグナル量の急増を検出するにはどのようにすれば良いでしょうか？　最も単純なアイディアは，時刻 $i-1$ と時刻 i のシグナル量の差分 Δf_i に着目し，この値がある閾値を超えたときをバースト状態と見なすことです．

$$\Delta f_i = f_i - f_{i-1} \qquad\qquad (2.1)$$

2.2 移動平均線収束拡散法 23

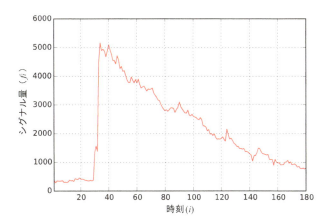

図 2.2 横軸に時刻,縦軸にシグナルの量をプロットした例.

例えば,時刻 $i=3$ ではシグナルの差分が $f_3 - f_2 = 64$ でしたが,時刻 $i=30$ では $f_{30} - f_{29} = 955$ に急増していますので,例えば閾値を 100 に設定しておけば,時刻 $i=30$ でのバーストを検出できます.

この方法は一見すると良さそうですが,時系列データ中の 2 点のみからデータ量の増減を把握しようとするため,観測値のばらつき(ノイズ)の影響を受けやすくなります.例えば,時刻 $i=29$ から 34 まではシグナル量が増加傾向にありますが,時刻 $i=32$ ではシグナル量が減少しています.観測値のばらつきを軽減するには,より多くのデータ点を用い,シグナル量の傾向を把握する必要があります.すなわち,時系列データの時間解像度 Δt を長く(粗く)し,観測データを安定化させることを考えます.ところが,バースト検出の時間解像度は,時系列データの時間解像度 Δt に依存するため,Δt を長く取ると,バーストを検出する時間間隔も間延びします.例えば,時系列データの時間解像度を $\Delta t = 1[日]$ とすると,バースト検出の時間間隔も 1[日] になってしまいます.

そこで,時系列データの時間解像度を変えずに,ある時刻の近くのシグナル量から平均値を算出し,観測データを平滑化することを考えます.すぐに思いつくのは,時刻 i から過去に遡って n 件のシグナル量の平均を計算することです.この指標は**単純移動平均** (simple moving average, SMA) と呼ば

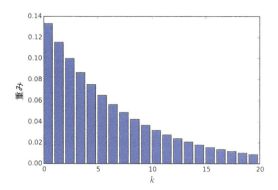

図 2.3 指数移動平均の重み係数の例 ($n = 14$). 現在時刻 i から数えて k 個前のシグナル量 f_{i-k} に対する重み係数を示しています.

れ，時刻 i から過去 n 時間（件）の移動平均 $\mathrm{SMA}_i^{(n)}$ は，次式で定義されます．

$$\mathrm{SMA}_i^{(n)} = \frac{1}{n} \sum_{k=0}^{n-1} f_{i-k} \tag{2.2}$$

式 (2.2) は単純明快な平均の式ですが，時刻 i からの近さ・遠さによらず，等しい重みでシグナル量の平均を計算しています．シグナル量の傾向を捉えるという目的を考えると，時刻 i から遠いシグナル量よりも時刻 i に近いシグナル量を重視したいところです．

そこで代わりに，**指数移動平均** (exponential moving average, EMA) という指標を考えます．時刻 i から過去 n 時間の指数移動平均 $\mathrm{EMA}_i^{(n)}$ は次式で定義されます．

$$\mathrm{EMA}_i^{(n)} = \alpha f_i + (1 - \alpha)\mathrm{EMA}_{i-1}^{(n)} \tag{2.3}$$

$$= \sum_{k=0}^{n-1} \alpha(1-\alpha)^k f_{i-k} \tag{2.4}$$

ただし，定数 α は次式で計算します．

$$\alpha = \frac{2}{n+1} \tag{2.5}$$

式 (2.4) から明らかなように，EMA は $\alpha(1-\alpha)^k$ を重みとする f_i の重み付き平均値です．図 **2.3** に，$n = 14$ のときの重みを示します．最新のデータ（$k = 0$）の重み係数が最も大きく，データが古くなる（k が大きくなる）につれて，重み係数が指数関数的に減少していくことが分かります．なお，直近のデータへの敏感さの観点から，n が小さいことを「速い」，n が大きいことを「遅い」と呼びます．

n が大きいとき，EMA は過去のシグナル量の傾向を反映するようになりますので，現在のシグナル量 f_i と比較することで，バーストの発生を検出できます．式 (2.1) の f_{i-1} を $\mathrm{EMA}_i^{(n)}$ で置き換え，現在のシグナル量 f_i と過去の平均 $\mathrm{EMA}_i^{(n)}$ の差分を求めます．

$$f_i - \mathrm{EMA}_i^{(n)} \tag{2.6}$$

この指標は式 (2.1) よりも良さそうですが，観測値 f_i に関するばらつきを考慮できません．そこで，現在のシグナル量 f_i も n が小さい EMA で平滑化します．すなわち，EMA の期間を表すパラメータを n_1 と n_2（ただし $n_1 < n_2$）とおき，式 (2.6) の f_i を $\mathrm{EMA}_i^{(n_1)}$ に置き換えます．

$$\mathrm{MACD}_i^{(n_1, n_2)} = \mathrm{EMA}_i^{(n_1)} - \mathrm{EMA}_i^{(n_2)} \tag{2.7}$$

この式 (2.7) は，株価や為替市場のトレンド分析などで用いられる**移動平均線収束拡散法** (moving average convergence divergence, MACD)[1] の主要部を構成します．これまでの導出経過から明らかなように，$\mathrm{MACD}_i^{(n_1, n_2)}$ は過去と現在のシグナル量の変動量を，長さの異なる指数移動平均で平滑化しながら求めたものになります．なお，信号処理の観点から解析すると，MACD は単位時間あたりのシグナルの変動量（一階微分値）の $(n_2 - n_1)$ 倍を推定していることになります [54]．株価や為替市場のトレンド分析では，MACD は価格変動の速さ（velocity）を表す指標と呼ばれています．

とある時系列データに対して，f_i（上段・青），$\mathrm{EMA}_i^{(3)}$（上段・赤），$\mathrm{EMA}_i^{(10)}$（上段・緑），$\mathrm{MACD}_i^{(3,10)}$（下段・赤）をプロットしたものを図 **2.4** に示します．$\mathrm{EMA}_i^{(3)}$ はシグナル量 f_i に敏感に追従するのに対し，$\mathrm{EMA}_i^{(10)}$ はシグナル量の大まかな傾向を捉えています．また，$\mathrm{MACD}_i^{(3,10)}$ はシグナルの変化量を表していて，シグナルが増加しているときは正の値，減少しているときは負の値を取ることが確認できます．なお，式 (2.6) は式 (2.7) におい

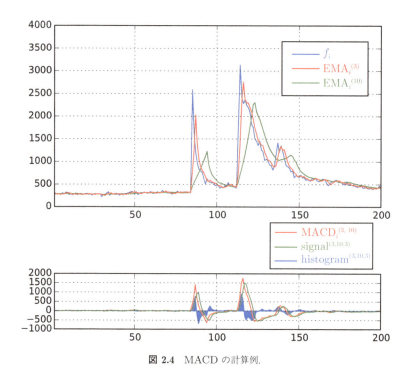

図 2.4　MACD の計算例.

て $n_1 = 1$ とした特殊形といえます.

　MACD を株価や為替市場のトレンド分析などで用いるときは, さらに MACD 値の変動量を指数移動平均で求めます. 基本的なアイディアはこれまでと同様で, 期間 n_3 の EMA で過去の MACD の値を平滑化して $\text{signal}_i^{(n_1, n_2, n_3)}$ を求め, 現在の MACD の値 $\text{MACD}_i^{(n_1, n_2)}$ との差分を求めます. この値を **MACD ヒストグラム**と呼びます.

$$\text{signal}_i^{(n_1, n_2, n_3)} = \text{MACD}_i^{(n_1, n_2)} \text{ の EMA (期間 } n_3) \quad (2.8)$$

$$\text{histogram}_i^{(n_1, n_2, n_3)} = \text{MACD}_t^{(n_1, n_2)} - \text{signal}_i^{(n_1, n_2, n_3)} \quad (2.9)$$

ここで, $\text{signal}_i^{(n_1, n_2, n_3)}$ は $\text{MACD}_i^{(n_1, n_2)}$ の期間 n_3 の指数移動平均, $\text{histogram}_i^{(n_1, n_2, n_3)}$ は, MACD の変化量を現在の値 ($\text{MACD}_i^{(n_1, n_2)}$) と平滑化した値 $\text{signal}_i^{(n_1, n_2, n_3)}$ の差分を求めたものです[*3].

[*3]　シグナル (signal) という用語が衝突していますが, 株価や為替市場のトレンド分析では式 (2.8) を「シグナル」と呼ぶため, その用語をそのまま用いています.

先ほど，MACD はシグナル値の一階微分値の推定値であるという解釈を説明しました．その解釈によると，$\text{histogram}_i^{(n_1, n_2, n_3)}$ はシグナル量の二階微分値を推定していることに相当します．実際，株価や為替のトレンド分析では，価格変動の加速度 (acceleration) を表す指標であると説明されています．図 2.4 では，シグナル量の急増に伴って MACD ヒストグラムも上昇していますが，シグナル量の減少が緩やかになる時点（$t = 95$ 付近）でも MACD ヒストグラムの上昇が見られます．これは，シグナル量の減少速度が低下したことで，速度は負のままですが加速度は正になったことを表しています．株価や為替の取引では，価格の下落や上昇の速度が鈍ったときにトレンドの反転が起こる可能性があるため，MACD ヒストグラムのような加速度を表す指標が用いられます．

本節では，MACD によりシグナルの速度，MACD ヒストグラムによりシグナルの加速度を推定できることを説明しました．実際，He ら [27] はバースト検出のために MACD ヒストグラムを用いています．しかし，シグナルの速度と加速度は本質的に異なる尺度です．その違いを理解したうえで，検出したい現象に応じて，適切な尺度を選択することになります．

2.3 ポアソン過程

2.4 節で説明する Kleinberg のバースト検出手法 [31] では，シグナルの到着時間を指数分布でモデル化しています．これは，シグナルがポアソン過程 (Poisson process) に従って到着すると仮定しているからです．ポアソン過程は，客の到着，呼の発生，事故の発生，ウェブサーバへのアクセスなど，ランダムに到着するさまざまな事象を表現するモデルとして広く用いられています．そこで，Kleinberg のバースト検出手法を説明する前に，ポアソン過程や関連する確率モデルについて，簡単に復習しましょう [72,73]．

ポアソン過程では，シグナルの到着に関して以下の自然な仮定をおいています．

- 独立性：共通部分のない時間区間それぞれにおいて，シグナルの到着数は独立である．
- 希少性：同時刻に 2 つ以上のシグナルが到着することはない．

- **定常性**：ある時間区間におけるシグナルの到着数は時刻によらず，その時間区間の幅のみに依存する．

ある時刻以降のシグナルの到着数や到着時刻は，それ以前のシグナルの到着履歴とは無関係であるという意味において，独立性は**無記憶性** (memoryless) とも呼ばれています．希少性は，ある時刻に到着するシグナルの数は 0 または 1 であることを表現しています．定常性は，単位時間あたりのシグナルの到着数が一定であることを表しています．

　さて，時間区間 $[0, T)$ に K 個のシグナルがポアソン過程で到着する場合を考えます．あるシグナルが時刻 τ に到着したとき，その時刻 τ が時間区間 $[x_0, x_0 + x) \subset [0, T)$ に含まれる確率は x/T です．時間区間 $[x_0, x_0 + x)$ に到着するシグナルの数を確率変数 $A_{x_0:x_0+x}$ で表すと，確率変数 $A_{x_0:x_0+x}$ は試行回数 K，確率 x/T の二項分布に従います．

$$P(A_{x_0:x_0+x} = k) = {}_K C_k \left(\frac{x}{T}\right)^k \left(1 - \frac{x}{T}\right)^{K-k} \tag{2.10}$$

ここで，単位時間あたりにシグナルが到着する数（平均到着率）を $\lambda = K/T$ とおき，この値を一定に保ちながら $T \to \infty$，$K \to \infty$ の極限を考えます．λ の定義より $\frac{x}{T} = \frac{\lambda x}{K}$ ですので，

$$\lim_{K \to \infty} {}_K C_k \left(\frac{\lambda x}{K}\right)^k \left(1 - \frac{\lambda x}{K}\right)^{K-k}$$

$$= \lim_{K \to \infty} \frac{K!}{k!(K-k)!} \left(\frac{\lambda x}{K}\right)^k \left(1 - \frac{\lambda x}{K}\right)^{K-k}$$

$$= \frac{(\lambda x)^k}{k!} \lim_{K \to \infty} \frac{K!}{(K-k)! K^k} \left(1 - \frac{\lambda x}{K}\right)^K \left(1 - \frac{\lambda x}{K}\right)^{-k} \tag{2.11}$$

ここで，

$$\lim_{K \to \infty} \frac{K!}{(K-k)! K^k} = \lim_{K \to \infty} \frac{K}{K} \times \frac{K-1}{K} \times \cdots \times \frac{K-k+1}{K}$$

$$= \lim_{K \to \infty} 1 \times \frac{1 - \frac{1}{K}}{1} \times \cdots \times \frac{1 - \frac{k}{K} + \frac{1}{K}}{1} = 1 \tag{2.12}$$

と求まります．また，$K = -\frac{\lambda x}{t}$ として，オイラー数 e の定義を用いると，

$$\lim_{K \to \infty} \left(1 - \frac{\lambda x}{K}\right)^K = \lim_{t \to 0}(1 + t)^{-\frac{\lambda x}{t}} = \lim_{t \to 0}\left\{(1 + t)^{\frac{1}{t}}\right\}^{-\lambda x} = e^{-\lambda x}$$

(2.13)

が成り立ちます. さらに,

$$\lim_{K \to \infty} \left(1 - \frac{\lambda x}{K}\right)^{-k} = 1$$

(2.14)

です. したがって $T \to \infty$, $K \to \infty$ の極限を考えると, 確率変数 $A_{x_0 : x_0 + x}$ に関して次式が得られます.

$$P(A_{x_0 : x_0 + x} = k) = \lim_{K \to \infty} {}_K C_k \left(\frac{\lambda x}{K}\right)^k \left(1 - \frac{\lambda x}{K}\right)^{K - k} = \frac{(\lambda x)^k}{k!} e^{-\lambda x}$$

(2.15)

これは, 平均 λx の**ポアソン分布** (Poisson distribution) と呼ばれます.

次に, 平均到着率 λ のシグナルの到着間隔 X について考えます. まず, 時刻 t_0 にシグナルが到着し, その次のシグナルの到着までの時間間隔 X が t よりも大きくなる確率を求めます. シグナルの到着をポアソン過程でモデル化しているので, t_0 よりも前のシグナルの到着履歴を考慮する必要がありません. ゆえに, 時間区間 $[t_0, t_0 + t)$ にシグナルが 1 個も到着しなかった事象のみを考えれば良いので, $X > t$ となる累積分布関数は,

$$P(X > t) = P(A_{t_0 : t_0 + t} = 0) = e^{-\lambda t}$$

(2.16)

となります. したがって, 到着間隔 X の累積分布関数 $P(X \leq t)$ と確率密度関数 $P(t)$ は次のように求まります.

$$P(X \leq t) = 1 - P(X > t) = 1 - e^{-\lambda t}$$

(2.17)

$$P(t) = \frac{\partial P(x \leq t)}{\partial t} = \lambda e^{-\lambda t}$$

(2.18)

式 (2.17) は, パラメータ λ の**指数分布** (exponential distribution) と呼ばれます. シグナルの到着間隔 X がパラメータ λ の指数分布に従うならば, その期待値は $1/\lambda$ になります.

2.4 Kleinberg のバースト検出

記法を整理しつつ，これまでの議論をまとめます．ポアソン過程に基づくと，シグナルの到着間隔 x は指数分布でモデル化できます．平均到着率を $\lambda > 0$ とすると，到着間隔 x の確率密度関数は，

$$f(x) = \lambda e^{-\lambda x} \tag{2.19}$$

と表されます．到着間隔 x の期待値は $1/\lambda$ です．

シグナルのバースト現象をモデル化するため，確率的オートマトン $\mathcal{A}$ を考えます．このオートマトン $\mathcal{A}$ は平常状態 q_0 もしくはバースト状態 q_1 の2つの状態をもちます[*4]．平常状態 q_0 からは，到着間隔 x のシグナルが確率密度関数 $f_0(x) = \lambda_0 e^{-\lambda_0 x}$ に従って到着します．バースト状態 q_1 からは，到着間隔 x のシグナルが確率密度関数 $f_1(x) = \lambda_1 e^{-\lambda_1 x}$ に従って到着します．ただし，λ_0, λ_1 はそれぞれ平常状態 q_0，バースト状態 q_1 におけるシグナルの平均到着率で，$\lambda_1 = \alpha \lambda_0 \ (\alpha > 1)$ とします．$\lambda_0 < \lambda_1$，すなわち $\frac{1}{\lambda_0} > \frac{1}{\lambda_1}$ なので，平常状態 q_0 よりもバースト状態 q_1 の方がシグナルの到着間隔が短くなります．シグナルが到着した後，確率 $p \in (0,1)$ で状態を遷移させ，確率 $1-p$ で状態を保持します．状態の遷移や保持は，過去の状態の履歴やシグナルの到着履歴に依存せず，パラメータ p のみで決定します．

図 **2.5** に，$\lambda_0 = 0.25$, $\lambda_1 = 2\lambda_0 = 0.50$ として $f_0(x)$, $f_1(x)$ をプロットしました．図 2.5 から明らかなように，パラメータ $\lambda_0 = 0.25$ の指数分布に従うシグナルよりも，パラメータ $\lambda_1 = 0.50$ に従うシグナルの方が到着間隔が短くなります．シグナルの到着間隔の期待値は，それぞれ，$1/\lambda_0 = 4$ と $1/\lambda_1 = 2$ です．

さて，$n+1$ 個のシグナルが到着したとき，隣り合うシグナル間の到着間隔を n 個の系列データ $\boldsymbol{x} = (x_1, x_2, ..., x_n)$ で表現します．図 **2.6**(a) に示すように，$\boldsymbol{x}$ は確率的オートマトン $\mathcal{A}$ から生成されたと考え，各シグナルの到着間隔 $x_t \ (t \in \{1, ..., n\})$ を生成した状態を q_{y_t} と定義します．すると，シ

[*4] 本書では，平常状態 q_0 とバースト状態 q_1 の 2 状態のみを考えますが，$q_1, q_2, ...$ のようにバースト状態に段階をもたせることも可能です．

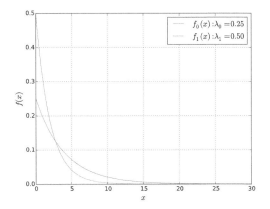

図 2.5 シグナルの到着間隔 x の確率密度関数 $f(x)$ ($\lambda_0 = 0.25, \lambda_1 = 0.50$).

グナルのバースト検出は,観測された系列データ $\boldsymbol{x}$ に対して,それを生成した隠れ状態の番号系列 $\hat{\boldsymbol{y}} = (\hat{y_1}, \hat{y_2}, ..., \hat{y_n})$ を推定する問題として定式化できます.

与えられた系列データ $\boldsymbol{x}$ に対して,隠れ状態系列 $\boldsymbol{y}$ の推定の善し悪しを条件付き確率 $P(\boldsymbol{y}|\boldsymbol{x})$ でモデル化すると,最適な隠れ状態系列 $\hat{\boldsymbol{y}}$ は次式で与えられます.

$$\hat{\boldsymbol{y}} = \underset{\boldsymbol{y}}{\operatorname{argmax}} P(\boldsymbol{y}|\boldsymbol{x}) \tag{2.20}$$

ただし,$\operatorname{argmax}_{\boldsymbol{y}} P(\boldsymbol{y}|\boldsymbol{x})$ は $P(\boldsymbol{y}|\boldsymbol{x})$ を最大にする $\boldsymbol{y}$ を返します.ベイズの定理を用いると,

$$\hat{\boldsymbol{y}} = \underset{\boldsymbol{y}}{\operatorname{argmax}} P(\boldsymbol{y}|\boldsymbol{x}) = \underset{\boldsymbol{y}}{\operatorname{argmax}} \frac{P(\boldsymbol{x}|\boldsymbol{y})P(\boldsymbol{y})}{P(\boldsymbol{x})} = \underset{\boldsymbol{y}}{\operatorname{argmax}} P(\boldsymbol{x}|\boldsymbol{y})P(\boldsymbol{y}) \tag{2.21}$$

となります.確率的オートマトン $\mathcal{A}$ では,各シグナルの到着間隔 x_t は状態 y_t のみに依存し,状態 y_t から x_t を生成する確率は $f_{y_t}(x_t)$ なので,

$$P(\boldsymbol{x}|\boldsymbol{y}) = \prod_{t=1}^{n} f_{y_t}(x_t) \tag{2.22}$$

また,状態遷移は過去の状態によらず確率 p のみに依存するので,

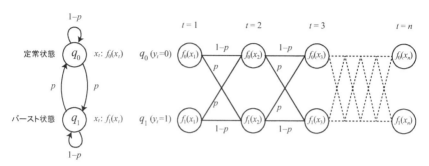

図 2.6 バースト検出を行うオートマトン $\mathcal{A}$.

$$P(\boldsymbol{y}) = \prod_{t=1}^{n-1} \begin{cases} p & (y_t \neq y_{t+1} \text{ のとき}) \\ 1-p & (y_t = y_{t+1} \text{ のとき}) \end{cases} = \prod_{t=1}^{n-1} p^{[\![y_t \neq y_{t+1}]\!]} (1-p)^{[\![y_t = y_{t+1}]\!]} \tag{2.23}$$

となります.ここで,$[\![\cdot]\!]$ は条件式が真であれば 1 を返し,偽であれば 0 を返します.これらをまとめると,

$$P(\boldsymbol{x}|\boldsymbol{y})P(\boldsymbol{y}) = \prod_{t=1}^{n} f_{y_t}(x_t) \prod_{t=1}^{n-1} p^{[\![y_t \neq y_{t+1}]\!]} (1-p)^{[\![y_t = y_{t+1}]\!]} \tag{2.24}$$

ゆえに,最適な隠れ状態系列 $\hat{\boldsymbol{y}}$ は次式で求まります.

$$\hat{\boldsymbol{y}} = \underset{\boldsymbol{y}}{\operatorname{argmax}} \prod_{t=1}^{n} f_{y_t}(x_t) \prod_{t=1}^{n-1} p^{[\![y_t \neq y_{t+1}]\!]} (1-p)^{[\![y_t = y_{t+1}]\!]} \tag{2.25}$$

式 (2.25) を計算するには,可能なすべての $\boldsymbol{y}$ に対して argmax の中身を計算し,その値が最大になる $\hat{\boldsymbol{y}}$ を求める必要があります.要素数 n のデータ系列 $\boldsymbol{x}$ に対して,取りうる内部状態系列の数は 2^n 個ありますので,すべての内部状態系列を列挙してしまうと,計算量が膨大になってしまいます.そこで,動的計画法(ビタビ・アルゴリズム)を適用し,$\hat{\boldsymbol{y}}$ を効率良く求めることを考えます.

図 2.6(a) の確率的オートマトンを時間に関して展開すると,図 2.6(b) になります.この図 2.6(b) を,ノード(点)とエッジ(線)からなるグラフと

して考えます。各ノードに確率値 $f_{y_t}(x_t)$, 各エッジに確率値 p または $1-p$ が書かれています。ある内部状態系列 $\boldsymbol{y}$ に対して $P(\boldsymbol{x}|\boldsymbol{y})P(\boldsymbol{y})$ の値は、その内部状態系列 $\boldsymbol{y}$ をグラフ上に対応付けて、y_1 から y_n までの経路と見なしたとき、その経路上に存在するノードとエッジの確率値の積を取ったものに等しくなります。したがって、図 2.6(b) のグラフで表される 2^n 通りの経路の中で、確率の積を最大にする経路を求める問題に帰着します。

ここで、ある時刻 t に内部状態 y_t に至る経路について考察します。例えば、時刻 $t=3$ で内部状態 q_0 に至る経路を考えます。この $(t,y)=(3,0)$ に到達するには、$(t,y)=(2,0)$ から確率 $1-p$ のエッジを通過するか、$(t,y)=(2,1)$ から確率 p のエッジを通過する 2 通りの経路しかありません。したがって、この 2 通りの経路のうち、$t=1$ より積算してきた確率が最も大きい経路を選べば、$(t,y)=(3,0)$ に到達する経路の中で確率の積が最大になるものを選ぶことができます。同様の考察は、あらゆる時刻と内部状態において成り立ちます。

したがって、式 (2.24) の最大値は以下の漸化式 ($t \geq 1$) により求めることができます。

$$s_{t+1}^{(0)} = f_0(x_{t+1}) \times \max\left\{(1-p) \times s_t^{(0)}, p \times s_t^{(1)}\right\} \tag{2.26}$$

$$s_{t+1}^{(1)} = f_1(x_{t+1}) \times \max\left\{p \times s_t^{(0)}, (1-p) \times s_t^{(1)}\right\} \tag{2.27}$$

ただし、

$$s_1^{(0)} = f_0(x_1) \tag{2.28}$$

$$s_1^{(1)} = f_1(x_1) \tag{2.29}$$

です。最適な隠れ状態系列 $\hat{\boldsymbol{y}}$ を求めるには、$t=n$ をスタート地点とし、漸化式において max で採用された経路を逆向きに ($t \to t-1$ に) 辿れば良いことになります。

以上により、隣り合うシグナル間の到着間隔を系列データで表現したとき、各到着間隔を生成したのが平常状態なのかバースト状態なのか推定できます。なお、Kleinberg[31] は状態数を 2 から無限に拡張し、バーストの度合いを異なる状態で表現するモデルも紹介しています。

2.5 まとめ

　本章では，ウェブ上で発生する活動（シグナルの発生）の盛り上がりを検出する代表的な方法を紹介しました．他にも，ウェーブレット木を用いて任意の時間解像度でバーストを検出する手法[64]，単純移動平均に基づく手法[59]など，さまざまな研究が発表されています．また，近年のソーシャルメディアの普及に伴い，ソーシャルメディアに特化した研究も発表されています[4,34,63]．これらのウェブ上で発生する活動だけでなく，ガンマ線バースト，各地域の人口の推移，株式市場の価格など，バースト検出は幅広い分野で応用されています．

Chapter **3**

評判分類の学習

> ウェブ上にはさまざまな評判情報が溢れています．評判情報を分類し，検索できるようにすることで，オンラインショップなどで商品を購入する消費者の意思決定を支援できます．本章では評判分類を学習する手法を紹介し，その際に生じる問題への対策を解説します．

3.1 評判分類

　ソーシャルメディア，ブログなどの普及に伴い，誰でも自分の意見を簡単にウェブ上で発信できるようになりました．我々は日常的にさまざまな商品やサービスに関する感想・評判をウェブ上で書き込んだり，ウェブ上で読んだりしています．例えば，お昼に行ったレストランに関する感想を「食べログ」などレストランを専門的に扱っているサイトで書いたり，Amazon で購入した商品に関する評価を書いたりしています．そして，まだ行ったことのないお店に行くかどうか迷っている場合やネットで買い物をする場合は，そのお店にすでに行った他の消費者や，購入しようとしている商品をすでに購入し，使ったことのある消費者の感想などを読むことが，自分もそのレストランに行くかどうか，その商品を購入すべきかどうかを判断する材料になります．

　評判情報は消費者にとってはもちろん，企業にとっても極めて重要です．自社の商品に関して，ウェブ上でどのような書き込みがされているかを企業

は常に確認しています。商品に関しては，悪い評判が広がるとその商品の売上だけではなく，会社そのものの信頼性にも影響が出ます。したがって，商品に関する評判を正確かつ，早めに発見することが企業にとっても重要な業務なのです。例えば，悪い評判が早期発見できれば，評判の悪い商品に関してはその改良版をリリースしたり，商品に関する広告などで正しい使い方を紹介するなどの対策を取ることができます。

　商品などの感想は，ある1つの商品に関してウェブ上で多数の評判が書かれることが普通です。例えば，Amazonである商品に関して100件以上の評判書き込みがある場合は珍しくありません。本章では評判や感想を含んだ書き込みを**レビュー** (review) と呼びます。何らかの商品を購入しようとしている場合，その商品に関するすべてのレビューを読んでから購入するかどうか判断をしていては時間がかかります。何らかの方法で評判情報を自動的に分類し，代表的な良いレビューと代表的な悪いレビューを消費者に提示できれば，消費者の意思決定プロセスを支援できます。

3.2　素性抽出

　評判分類の問題はさまざまな観点から機械学習の問題として定式化できます。まず，文書単位の評判分類を考えましょう。つまり，ある商品について評判が書かれている文書（レビュー）d が与えられ，それが良い評判なのか，悪い評判なのかを分類するタスクを考えます。これは機械学習では二値分類問題として定式化できます。二値分類では，与えられた事例を正例か負例かという2つのクラスに分類することを目的とします。本章では「良い評判を含む文書」を正例と定義し，1のラベルを付けます。一方，「悪い評判を含む文書」を負例と定義し，-1 のラベルを付けます。**表 3.1** は iPhone に関するレビューの例を表しています。

　レビューに関する評判分類器を学習するにあたって，まず最初に決めなければならないのは，どのようにしてレビューを表現するかということです。機械学習を適用するためには，学習事例を何らかの特徴を使って表す必要があります。機械学習では，事例を表現するために使う特徴のことを**素性** (features) と呼びます。素性をどのように定義するかは学習性能に大きく関わる問題です。なお，素性を特徴量と呼ぶこともあります。一般的に，素性を決

表 3.1 iPhone に関する良い評判を表すレビューと悪い評判を表すレビューの例.

	良い評判	悪い評判
レビュー	画面が大きく，見やすいです．	滑りやすい，落としたら画面がすぐ割れそうです．
内容語	画面，大きく，見やすい	滑りやすく，落としたら，画面，すぐ，割れ
素性 (ユニグラム)	画面，大きく，見やすい	滑りやすく，落としたら，画面，すぐ，割れ
素性 (バイグラム)	画面＋大きく，大きく＋見やすい	滑りやすく＋落としたら，落としたら＋画面，画面＋すぐ，すぐ＋割れ

める際に以下の 2 点を考慮する必要があります．

1. **表現能力**：素性は事例を表すものです．学習の過程で目的とするクラスを表すには，どの素性がどれくらい有能なのかを表す重みを学習します．したがって，学習事例をできるだけ正確に表す素性が必要です．例えば，表 3.1 で示した iPhone に関するレビューから素性を抽出する際に，まず，レビューを形態素解析し，評判に関係しない「です」，「が」といった**不要語** (stop words) を除外します．日本語の場合，文法的な役割をもつ機能語や活用形などを表す語尾を不要語として除外することが多いです．

2. **汎化能力**：素性の表現能力のみを考慮すれば，できるだけ元のレビュー文書を素性として選んだ方が良いことになります．例えば，表 3.1 では「画面が大きく」や「見やすいです」といった表現を素性として選ぶことになります．しかし，このような長い表現は多くのレビューで出現しておらず，素性として選択してもそのような素性に対する重みを正しく学習するために必要な学習事例が存在しない場合が多いです．また，学習データ中でそのような素性が現れていても，学習させた評判分類器を未知のレビューに関して適用する場合は，適用されるレビューにその素性が現れていない可能性が高いです．したがって，素性はある程度汎用的な素性である必要があります．上記で述べた表現能力と汎化能力は相反する概念であり，機械学習を何らかのデータに対して応用する場合は必ず考慮しなければなりません．

38　**Chapter 3**　評判分類の学習

　レビュー単位での評判分類器の学習は，文書を事前に定められた複数のカテゴリーに分類する**文書分類** (document classification) 問題の一種です．したがって，自然言語処理分野で文書分類を行う際に有効とされている素性表現が評判分類器学習でも広く用いられています．表 3.1 で示した iPhone に関する良い評判を表すレビュー「画面が大きく，見やすいです」を例に考えましょう．このレビューに関して形態素解析を行い，「画面」，「が」，「大きく」，「，」，「見やすい」，「です」という形態素が得られたとします．形態素解析器で登録されている単語によっては，得られる形態素の列がこの例のものと異なる場合があります．カンマのような句読点や「が」や「です」のような内容をもたない単語を不要語として除外し，「画面」，「大きく」，「見やすい」という 3 単語を素性として選びます．このような一単語からなる素性を**ユニグラム** (unigram) **素性**と呼びます．

　しかし，一単語からなる素性だけでは，否定表現や形容詞による名詞の修飾が正しく扱えない問題があります．例えば，「美味しくない」という否定表現を考えましょう．形態素解析を行うとこの表現が「美味しく」と「ない」という 2 つの形態素に分解できます．しかし，この 2 つのユニグラム素性では，元々の「美味しくない」という 1 つの表現がレビュー中に出現していた情報が失われてしまいます．

　さらに，形容詞の名詞への修飾を表す例として「軽い電源」という表現を考えましょう．これを形態素解析すると，「軽い」と「電源」という 2 つのユニグラム素性に分解できます．しかし，「軽い」はノートパソコンのような持ち運ぶ電子製品の場合は良い評判を表す表現ですが，「軽い映画」のようにあまり重要な内容を含んでいないという意味で，映画に関しては悪い評判を述べるときに使います．したがって，「軽い」というユニグラム素性だけでは，どのような評判なのかを断定することができません．そこで，連続するユニグラム素性をもう 1 つの素性として生成する方法が提案されています．2 つの連続するユニグラム素性からなる素性は**バイグラム** (bigram) **素性**と呼ばれています．表 3.1 にそれぞれのレビューから抽出したユニグラム素性とバイグラム素性の例を示しています．

　バイグラム素性を抽出する際にはいくつか注意しなければならない点があります．ユニグラムに比べ，バイグラムの方がより多くの情報を含んでいるため，バイグラムは表現能力の点で優れているといえます．一方，ある文書

中にバイグラム素性が出現していない場合でもそれを構成するユニグラム素性が出現している可能性があるため，学習時に現れなかったバイグラム素性を含むテストレビューもユニグラム素性を使って分類することができます．したがって，汎化能力の点ではバイグラムよりユニグラムが優れています．

　機械学習を行ううえでは，表現能力と汎化能力両方に優れている素性を使うことが望ましいため，実用的にはユニグラムとバイグラム両方を使って事例を表現することが一般的です．不要語をあらかじめ削除し，それからバイグラムを生成すると，英語の場合，例えば「to play」のような不要語 (to) とそうでない単語 (play) からなるバイグラムは抽出されません．これは遊ぶことが目的であったという情報を素性として残したい場合は好ましくありません．さらに，疑問文の場合，文末に現れる疑問符を不要語として先に取り除くと，疑問文であったという情報が失われてしまいます．こうした理由から，バイグラム素性を生成する場合は不用語をあらかじめ削除し，残るユニグラムの系列からバイグラムを抽出するより，不要語を削除せずにバイグラムを抽出し，抽出されたバイグラムの中で不要語のみからなるバイグラムを削除するという方法が一般的な文書分類タスクでは用いられており，評判分類の場合でもより良い精度が得られると報告されています [9]．

　長さ n の文書を考えると（文書の長さは重複を含む単語数で計算しています），そこから高々 n 個のユニグラムと $(n-1)$ 個のバイグラムが抽出できます．したがって，同じ文書から生成されるユニグラムとバイグラムの総和はそれほど変わりません．しかし，ユニグラムに比べ，バイグラムには多様な組み合わせが存在するので，集合として見ればユニグラムの集合より，バイグラムの集合が経験的に数倍大きくなります．表現すべきレビュー数が小さい場合はバイグラム素性の数が問題になりませんが，ウェブのように膨大な量の評判データを扱う場合，素性の数が大きいと学習事例を表現するために必要な計算機のメモリが不十分だったり，膨大な数の素性に関する重みを学習時に計算しなければならないため，学習に時間がかかるという問題が生じます．次に，これらの問題を解決するための素性選択を説明します．

3.3　素性選択

　素性選択の手法の中で最も簡単かつ効率的な手法として，ある閾値以下の

出現頻度をもつ素性をすべて削除するという方法があります．低出現頻度を
もつ素性は複数の理由で機械学習を行う前に削除します．まず，低出現頻度
をもつ素性の中にはスペルミス，外国語などが含まれていることがあります．
これらの「雑音」を取り除くという意味で，低出現頻度の素性を削除します．
素性の出現頻度分布は，おおよそべき則 (power law) に従っており，多くの
素性は低出現頻度となります．したがって，低出現頻度の素性を除外するこ
とで多くの素性を削除でき，より小さな素性集合を選択できます．

　次に，素性に関する重みを学習する意味でも低出現頻度の素性を削除す
ることは有効です．低出現頻度な素性は少数の学習事例でしか出現してい
ないので，そこから信頼性のある重みを学習することは困難です．例えば，
2 つの素性 f_1 と f_2 を考えましょう．f_1 は正例の中で 2 回，負例の中で 1
回の，合計 3 回しか学習データ中に出現していないとします．一方，f_2 は
正例の中で 2000 回と負例の中で 1000 回の合計 3000 回学習データ中に出
現しているとします．これより，ある事例で素性 f_1 が出現していれば，そ
の事例が正例である確率が，$p(+1|f_1) = 2/3 \approx 0.67$ となります．同様
に，ある事例で素性 f_2 が出現していれば，その事例が正例である確率が，
$p(+1|f_2) = 2000/3000 = 2/3 \approx 0.67$ となります．つまり，f_1 と f_2 は正例
を識別するうえでは同程度の確信度をもっているといえます．しかし，f_1 が
学習事例中に 3 回しか出現しておらず，その正例中の出現のどれかが偶然の
出現であれば，$p(+1|f_1) = 1/3 \approx 0.33$ となります．一方，f_2 の正例中の出
現のどれか 1 つが偶然であっても，$p(+1|f_2) = 1999/3000 \approx 0.67$ となり，
ほとんど変わりません．この簡単な例だけでも出現頻度が小さい素性は，ク
ラスを識別するうえでは信頼性が低いことが分かります．したがって，出現
頻度が小さい素性を除外し，素性選択を行うことは，学習結果の信頼性の観
点からも好ましいといえます．

　出現頻度を用いた素性選択の手法は簡単ですが，その方法によって選択さ
れる素性は，ある一方のクラスを十分表現していない可能性があります．例
えば，負例の中にはさまざまな原因で負例としてラベル付けされている事例
が存在し，素性の種類が多いことがあり得ます．さらに，正例と負例の数が
同程度であれば，種類の多い負例に関する素性の出現頻度は正例中に良く出
現する素性より小さくなり得ます．そうすると，出現頻度に関して閾値を設
定し，それによって素性選択を行った場合，負例を表す素性が消えてしまう

可能性があります．一方で出現頻度が高い素性であっても，それが正例と負例，両方で同じ回数出現していれば，それぞれのクラスに属する確率が0.5となり，その素性のクラス識別能力は弱いといえます．正例と負例にラベル付けられた学習データが存在する場合は，この問題を解決するためにラベル情報を使って素性選択を行うことができます．つまり，正例と負例それぞれの素性の出現頻度を別々に計算し，正例あるいは負例に素性がどのように偏って分布しているかを評価することで，識別能力の高い素性が選択できます．

ラベル付けられている学習データが存在する場合，そこから素性選択を行う手法として**点相互情報量** (pointwise mutual information, PMI) があります．例えば，ある素性 f が正例中に出現している回数が $h(f,1)$，負例中に出現している回数が $h(f,-1)$ としましょう．このとき，正例の数が N_+，負例の数が N_- とします．2つの確率変数 X と Y がそれぞれ $X = x$, $Y = y$ という値を取る場合，それらの間の点相互情報量は式 (3.1) で定義されます．

$$\mathrm{pmi}(x, y) = \log\left(\frac{p(x, y)}{p(x)p(y)}\right) \tag{3.1}$$

ここで $p(x)$, $p(y)$ は x と y それぞれの周辺確率質量を表し，$p(x, y)$ は x と y の同時確率質量を表します．

具体例として，素性 f と正例クラス間の点相互情報量を計算しましょう．素性 f を確率変数 X が値 x を取る確率事象とし，ある事例が正例であることを，確率変数 Y が値 y を取る確率事象だとします．そうすると，それぞれ $p(x), p(y), p(x, y)$ が次のように計算できます．

$$p(x) = \frac{h(f, 1) + h(f, -1)}{N_+ + N_-} \tag{3.2}$$

$$p(y) = \frac{N_+}{N_+ + N_-} \tag{3.3}$$

$$p(x, y) = \frac{h(f, 1)}{N_+ + N_-} \tag{3.4}$$

これらの確率を式 (3.1) に代入することで，素性 f と正例の間の繋がりの強さを表す点相互情報量が次のように計算できます．

$$\mathrm{pmi}(f, 1) = \log\left(\frac{h(f, 1)(N_+ + N_-)}{(h(f, 1) + h(f, -1))N_+}\right) \tag{3.5}$$

同様に，素性 f と負例の間の繋がりの強さを表す点相互情報量は次で与えられます．

$$\mathrm{pmi}(f, -1) = \log \left(\frac{h(f, -1)(N_+ + N_-)}{(h(f, 1) + h(f, -1))N_-} \right) \tag{3.6}$$

正例と負例を良く表す素性を選択する場合は式 (3.5) と式 (3.6) それぞれを使って，まず素性を正例または負例との点相互情報量の順にソートし，それぞれのリストから上位のものを選択します．例えば $2k$ 個の素性を選択したい場合は $\mathrm{pmi}(f, 1)$ が最も高い k 個の素性と，$\mathrm{pmi}(f, -1)$ が最も高い k 個の素性を選択します．実際にはそれぞれのリストで共通に現れる素性もあり得るので，その場合は $2k$ 以下の素性を選択します．

式 (3.1) で定義した点相互情報量と相互情報量の関係を見てみましょう．**相互情報量** (mutual information, MI) は確率変数 X を使うことで確率変数 Y について得られる情報を表し，次で定義されます．

$$\begin{aligned}
\mathrm{MI}(X, Y) &= \sum_{x \in X, \ y \in Y} p(x, y) \log \left(\frac{p(x, y)}{p(x)p(y)} \right) \\
&= \sum_{x \in X, \ y \in Y} p(x, y) \mathrm{pmi}(x, y)
\end{aligned} \tag{3.7}$$

つまり，点相互情報量は確率変数の 1 つの値の対に関して伝達される情報量を示していることが分かります．

3.4　素性の値

3.3 節で説明した手法を使って d 個の素性を選択したとします．素性を選択した後，選択した素性を使って，評判を表すレビューを表現する必要があります．そのためには各素性がどれかの次元に対応しているベクトルとしてレビューを表現します．つまり，あるレビュー x を d 次元のベクトル $\boldsymbol{x} \in \mathbb{R}^d$ で表現します．レビューを表すベクトルは**文書ベクトル** (document vector)，文書ベクトルの各次元の値は**素性値** (feature value) と呼ばれています．文書ベクトル $\boldsymbol{x}$ 中の i 番目の次元を x_i と表します．素性値をどのように計算するかについては複数の方法が存在します．まず，最も簡単な方法として，i 次元目に対応する素性がレビュー x 中に出現していれば $x_i = 1$ とし，そうで

なければ $x_i = 0$ とする方法があります．これは**二値素性値** (binary feature value) と呼ばれています．この表現方法では，あるレビューがその中に出現している素性の集合で表現できるので，**素性袋詰め** (bag-of-features) モデルあるいは**単語袋詰め** (bag-of-words) モデルと呼ばれています．

ところで，同じ素性が複数回同一レビューから抽出できる場合，その素性はそのレビューにおいて重要である可能性があります．例えば，レストランに関する評判で「美味しい」という単語が数回現れていれば，それはそのレストランに関する評判を分類するときには良い評判であることを強調していると解釈できます．しかし，二値素性値を使うと，素性が出現していたかどうかの情報のみが残り，素性の出現頻度に関する情報が失われてしまいます．したがって，あるレビュー中のある素性の出現頻度を文書ベクトル中に残したい場合は二値素性値は好ましくありません．この不都合を解消するため，i 番目の素性が文書 x 中に何回出現したかという出現頻度そのものを x_i にすることが考えられます．長さがほぼ等しいレビューであればこの表現方法で問題ありませんが，極端に長いレビューと極端に短いレビューが学習事例中に含まれている場合，この表現方法には欠点があります．つまり，レビューが長ければ長いほど，多くの素性を含む可能性と同じ素性が複数回現れる可能性の両方が高くなります．

この問題を解決するための工夫として，文書ベクトルの各要素を全要素の総和で割る**正規化**があります．あるベクトル x の要素の絶対値の総和は ℓ_1 **ノルム** (ℓ_1 norm) と呼ばれて，$||x||_1$ と表し，次で定義されます．

$$||x||_1 = \sum_{i=1}^{d} |x_i| \tag{3.8}$$

文書ベクトルの場合は各要素が正の値であるため，絶対値を取っても要素の値が変わりません．つまり，$|x_i| = x_i$ です．したがって，文書ベクトルの要素の総和で割る正規化は ℓ_1 正規化と呼ばれています．

二値素性値，素性の出現頻度やその正規化された値を使ってレビューを表現する方法のほか，さまざまな素性値計算手法が存在します．その中でも特に，文書分類タスクにおいて広く使われている手法に**tfidf**があります．tfidf では，ある素性 f があるレビュー x 中に出現している**頻度** (term frequency) $\mathrm{tf}(f, x)$ と f が出現している異なる**レビュー数** (document frequency)$\mathrm{DF}(f)$

を使って，素性 f のレビュー x における重要度 tfidf(f, x) を次で定義します．

$$\text{tfidf}(f, x) = \text{tf}(f, x) \log \left(\frac{N}{\text{DF}(f)} \right) \tag{3.9}$$

ここで，N は総レビュー数です．式 (3.9) で定義される tfidf 値は素性 f が
レビュー x 中に出現する頻度が高ければ高いほど大きくなり，f を含むレ
ビュー数が少なければ少ないほど大きくなります．直感的には，ある素性が
少数のレビューにしか含まれていなければ，その素性がそれを含んでいるレ
ビューを特徴付けるには有用なので，N と DF(f) の割り算が式 (3.9) に入っ
ています．また，レビュー数の逆数が式 (3.9) に現れるので，tfidf の名前中に
文書数の逆数という意味を表す inverse document frequency (idf) が含まれ
ています．式 (3.9) 以外にも tfidf の定義は複数存在します．例えば，tf(f, x)
ではなく，$\log \text{tf}(f, x)$ としてその対数を取ることで，長い文書の場合は高出
現頻度の単語が過剰に重要と評価されてしまう問題を解決できます．

3.5　評判分類器の学習

レビューを表現するための素性として，ユニグラムとバイグラムを抽出す
る方法について 3.2 節で紹介しました．その方法で得られる素性の数が大き
い場合，正例と負例を見分ける識別能力の高い素性を選択するための手法に
ついて 3.3 節で説明しました．そして，選択された素性を使ってどのように
してレビューが表現できるかについて 3.4 節で説明しました．本節では学習
データに含まれているレビューを表す素性ベクトルから，どのようにして評
判分類器が学習できるかについて解説します．具体的な問題として「良い評
判」と「悪い評判」として 2 クラスに分類する二値分類問題を考えますが，
「良い評判」，「悪い評判」，「中性の評判」といった 3 クラス分類に対しても同
じ手法が適用できます．学習データに含まれているレビューを素性ベクトル
として表現できれば，任意の二値分類器を使って評判分類器を学習できます．
評判分類器を学習するために良く使われている分類器学習アルゴリズムとし
てサポートベクトルマシン，ロジスティック回帰，ニューラルネットワーク
などが挙げられます．

与えられた M 個の学習事例 $\{(\boldsymbol{x}_m, y_m)\}_{m=1}^{M}$ から評判分類器を学習した

いとします．ここでは $y \in \{0, 1\}$ は学習レビュー x が正例であるか $(y = 1)$，負例であるか $(y = 0)$ を表すラベルです．無論，二値分類なので学習データのラベルとして $\{-1, 1\}$ を選択しても構いません．以下の導出が簡単になるため，ここでは $\{0, 1\}$ をラベルとして選んでいます．ちなみに，$2y - 1$ という線形変換を使って $\{0, 1\}$ を $\{-1, 1\}$ に変換できます．それぞれの素性 x_i が正例（良い評判）を表すためにどれくらい適しているかを表す「重み」を w_i とします．例えば，「美味しい」というユニグラム素性はレストランについて一般的に良い評判を表すことが多いため，この素性に関しては正の重みが学習できることが望ましいです．一方，「不味い」というユニグラム素性はレストランについて一般的に悪い評判を表すことが多いため，この素性に関しては負の重みが学習できることが望ましいです．何らかの方法で d 個の素性 $x_1, x_2, \ldots, x_d$ に関して，このような重み $w_1, w_2, \ldots, w_d$ が学習できたとします．そのとき，評判分類したいテストレビュー $\boldsymbol{x}$ に関するラベルを予測するために，式 (3.10) で与えられる $\boldsymbol{x}$ の各素性の値と学習済み重みの線形和をスコアとして使うことができます．

$$\mathrm{score}(\boldsymbol{x}, \boldsymbol{w}) = x_1 w_1 + x_2 w_2 + \ldots + x_d w_d = \boldsymbol{x}^\top \boldsymbol{w} \tag{3.10}$$

つまり，式 (3.10) で示す通り，$\mathrm{score}(\boldsymbol{x}, \boldsymbol{w})$ はそれぞれの素性に関して学習した重みを並べた重みベクトル $\boldsymbol{w}$ とレビューを表す素性ベクトル $\boldsymbol{x}$ の内積として表されます．このスコアの符号を使ってレビュー $\boldsymbol{x}$ を正例か負例か判断することができます．

$$\boldsymbol{x} \text{ の評判ラベル} = \begin{cases} 1(\text{正例／良い評判}) & \boldsymbol{x}^\top \boldsymbol{w} \geq 0 \\ 0(\text{負例／悪い評判}) & \boldsymbol{x}^\top \boldsymbol{w} < 0 \end{cases} \tag{3.11}$$

ただし，内積がゼロの場合は評判ラベルをどう決めるかについて任意性があります．ここでは，その場合も正例として判断していますが，負例として判断することも可能です．式 (3.10) で定義した素性と重みの間の線形和でもって分類されるクラスが判断される分類学習器は**線形分類器** (linear classifier) と呼ばれています．線形分類器として線形カーネルを用いたサポートベクトルマシンやパーセプトロン分類器が有名です．評判を分類するだけであればラベルを予測するだけで良いですが，ウェブ上では膨大な数のレビューを含むサイトが多いため，評判が良いか悪いかを予測するだけでは不十分な場合

が多く，どの程度で良いか，どの程度で悪いかを知る必要があります．例えば，ある商品をこれから購入しようとしているユーザーは時間の都合で良い評判として分類されるすべてのレビューを読むことができず，良い評判として分類されたレビューの中でも特にスコアの高いもののみを読みたい場合があります．そのような場合は式 (3.10) を使ってレビューを順序付けし，ユーザーに提示することができます．

3.6　ロジスティック回帰による評判分類器学習

本節では素性に関する重みを学習するための 1 つの手法として，ロジスティック回帰を紹介します．

3.6.1　ロジスティック回帰モデル

ロジスティック回帰 (logistic regression) では，ある事例 x が正例である確率 $p(t = 1|x, w)$ を式 (3.10) の線形和を使ってモデル化します．ところで式 (3.10) の線形和は $(-\infty, +\infty)$ の値であり，確率 $p(t = 1|x, w)$ は $[0, 1]$ 範囲の値です．そのため，スコアをそのまま確率として扱うことができず，何らかの方法で $[0, 1]$ 範囲に変換する必要があります．ロジスティック回帰では，次で与えられるロジスティック関数 $\sigma(\theta)$ を使います．

$$\sigma(\theta) = \frac{1}{1 + \exp(-\theta)} \tag{3.12}$$

ロジスティック関数を図 **3.1** に示します．

式 (3.10) の線形和を式 (3.12) を使って，次のように表します．

$$p(t = 1|x, w) = \frac{1}{1 + \exp(-x^\top w)} \tag{3.13}$$

式 (3.13) はあるレビューが正例である確率を示すので，あるレビューが正例である確率と負例である確率の和が 1 でなければならないことに注目すれば，あるレビューが負例である確率を次のように計算できます．

$$p(t = 0|x, w) = 1 - p(t = 1|x, w)$$
$$= 1 - \frac{1}{1 + \exp(-x^\top w)}$$

3.6 ロジスティック回帰による評判分類器学習　47

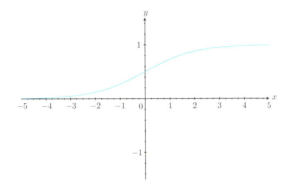

図 3.1 ロジスティック関数 $y = \frac{1}{1+\exp(-x)}$.

$$\begin{aligned}
&= \frac{\exp(-\bm{x}^\top \bm{w})}{1 + \exp(-\bm{x}^\top \bm{w})} \\
&= \frac{1}{1 + \exp(\bm{x}^\top \bm{w})}
\end{aligned} \tag{3.14}$$

学習データセットは M 個のレビューからなっており，それらはすべて独立に選択していると仮定します．つまり，ある学習用レビューのラベルがどうなっているかは，他の学習用レビューのラベルを決める際に考慮しなくて良いとします．しかし，実際にウェブ上で商品などに関する評判を書き込む場合，あるユーザーが自分より先にその商品に関しての評判を書いている他のユーザーの評判を読んで影響を受けているかもしれません．例えば，レビュー $\bm{x}$ とレビュー $\bm{x}'$ は同じ商品に関して異なるユーザーによって書かれたレビューであり，$\bm{x}$ の直後に $\bm{x}'$ が書かれたのかもしれません．そのような場合，$\bm{x}'$ が $\bm{x}$ の内容を参照（前のユーザーの意見を否定したり，あるいは賛成意見を述べている）しているかもしれません．このような学習事例間の因果関係が実際の学習データ中には存在するため，あるユーザーが別のユーザーが書いたレビューから影響を受けないという仮定が成り立たないことがあります．しかし，そのような因果関係を考慮すると，評判分類器の学習が困難になります．したがって，簡便のため，ここでは学習用のレビューはすべて独立であると仮定しています．この学習事例間の独立性の仮定は，一般的に分類器学習で計算を簡単化するために広く用いられています．

48 **Chapter 3** 評判分類の学習

さて，式 (3.13) を用い，学習データセットの生成確率を計算してみましょう．学習データ中に正例と負例の両方が含まれますが，式 (3.13) と式 (3.14) を使って，学習データセット全体の生成確率を各々のレビューの確率の掛け算として計算できます．

$$p(\{(\boldsymbol{x}_m, y_m)\}_{m=1}^M)$$
$$= \prod_{m=1}^M p(t = y_m | \boldsymbol{x}_m, \boldsymbol{w})^{y_m}$$
$$= \prod_{m=1}^M p(t = 1 | \boldsymbol{x}_m, \boldsymbol{w})^{y_m} (1 - p(t = 1 | \boldsymbol{x}_m, \boldsymbol{w}))^{(1-y_m)} \qquad (3.15)$$

式 (3.15) で与えられる確率はパラメータが $w_1, w_2, \ldots, w_d$ となるロジスティック回帰モデルにより，この学習データセットが生成される確率として解釈できます．つまり，これらのロジスティック回帰モデルはこのデータセットをどれくらい正しく表しているかの指標として解釈できます．これは学習データの**尤度** (likelihood) と呼ばれています．そうすると，評判分類器学習は式 (3.15) の尤度を最大化する問題に帰着できます．

式 (3.15) の尤度は確率の積の形をしているため，対数を取ることで最適化がしやすい和の形に変換します．

$$\log\left(p(\{(\boldsymbol{x}_m, y_m)\}_{m=1}^M)\right) \qquad (3.16)$$
$$= \sum_{m=1}^M y_m \log\left(p(t = 1 | \boldsymbol{x}_m, \boldsymbol{w})\right) + (1 - y_m) \log\left(1 - p(t = 1 | \boldsymbol{x}_m, \boldsymbol{w})\right)$$

対数関数を図 **3.2** に示します．対数関数では，任意の正の実数 $\alpha, \beta \in \mathbb{R}^+$ に対し，$\alpha \geq \beta$ であれば $\log(\alpha) \geq \log(\beta)$ が成り立ちます．なお，等式は $\alpha = \beta$ の場合のみ成り立ちます．このような性質をもつ関数は**単調増加関数** (monotonically increasing function) と呼ばれています．図 3.2 で示した対数関数は単調増加関数であるため，式 (3.15) の尤度を最大化する重みベクトル $\boldsymbol{w}$ を求める問題と，式 (3.16) の対数尤度を最大化する重みベクトル $\boldsymbol{w}$ を求める問題は同じになります．したがって，以下では尤度を最大化する代わりに，対数尤度を最大化することを目的とします．

式 (3.16) 中の唯一のパラメータは $\boldsymbol{w}$ であるため，対数尤度を最大化させ

3.6 ロジスティック回帰による評判分類器学習　49

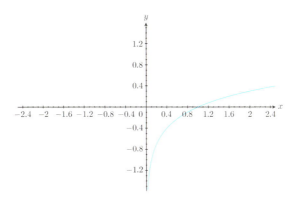

図 3.2 自然対数関数. $\forall \alpha, \beta \in \mathbb{R}^+$ s.t. $\alpha \geq \beta$, $\log(\alpha) \geq \log(\beta)$ が成り立ちます.

る w の値を求めるために，式 (3.16) の両辺を w で次のように微分します.

$$\frac{1}{p(\{(\boldsymbol{x}_m, y_m)\}_{m=1}^M)} \frac{\partial p(\{(\boldsymbol{x}_m, y_m)\}_{m=1}^M)}{\partial \boldsymbol{w}} \tag{3.17}$$

$$= \sum_{m=1}^M \frac{y_m}{p(t=1|\boldsymbol{x}_m, \boldsymbol{w})} \frac{\partial p(t=1|\boldsymbol{x}_m, \boldsymbol{w})}{\partial \boldsymbol{w}}$$

$$+ \frac{(1-y_m)}{(1-p(t=1|\boldsymbol{x}_m, \boldsymbol{w}))} \frac{\partial (1-p(t=1|\boldsymbol{x}_m, \boldsymbol{w}))}{\partial \boldsymbol{w}}$$

$$= \sum_{m=1}^M \frac{y_m}{p(t=1|\boldsymbol{x}_m, \boldsymbol{w})} \frac{\partial p(t=1|\boldsymbol{x}_m, \boldsymbol{w})}{\partial \boldsymbol{w}}$$

$$- \frac{(1-y_m)}{(1-p(t=1|\boldsymbol{x}_m, \boldsymbol{w}))} \frac{\partial p(t=1|\boldsymbol{x}_m, \boldsymbol{w})}{\partial \boldsymbol{w}}$$

次に，式 (3.17) の中で現れる $\frac{\partial p(t=1|\boldsymbol{x}_m, \boldsymbol{w})}{\partial \boldsymbol{w}}$ を計算しましょう.

$$\frac{\partial p(t=1|\boldsymbol{x}_m, \boldsymbol{w})}{\partial \boldsymbol{w}} = \frac{\partial}{\partial \boldsymbol{w}} \frac{1}{1+\exp(-\boldsymbol{x}_m^\top \boldsymbol{w})}$$

$$= \frac{\partial}{\partial \boldsymbol{w}} (1+\exp(-\boldsymbol{x}_m^\top \boldsymbol{w}))^{-1}$$

$$= -(1+\exp(-\boldsymbol{x}_m^\top \boldsymbol{w}))^{-2} \frac{\partial}{\partial \boldsymbol{w}} \exp(-\boldsymbol{x}_m^\top \boldsymbol{w})$$

$$= \boldsymbol{x}_m \frac{\exp(-\boldsymbol{x}_m^\top \boldsymbol{w})}{\left(1 + \exp(-\boldsymbol{x}_m^\top \boldsymbol{w})\right)^2} \tag{3.18}$$

$$= \boldsymbol{x}_m \frac{1}{\left(1 + \exp(-\boldsymbol{x}_m^\top \boldsymbol{w})\right)} \frac{\exp(-\boldsymbol{x}_m^\top \boldsymbol{w})}{\left(1 + \exp(-\boldsymbol{x}_m^\top \boldsymbol{w})\right)}$$

$$= \boldsymbol{x}_m p(t = 1 | \boldsymbol{x}_m, \boldsymbol{w})(1 - p(t = 1 | \boldsymbol{x}_m, \boldsymbol{w})) \tag{3.19}$$

式 (3.19) の最終行では，式 (3.13) と式 (3.14) の結果を使っています．なお，この導出で内積をベクトルで微分する必要がありますが，それについては付録 A を参照してください．

式 (3.19) を式 (3.17) に代入することで，次のように微分係数を簡単化できます．

$$\frac{1}{p(\{(\boldsymbol{x}_m, y_m)\}_{m=1}^M)} \frac{\partial p(\{(\boldsymbol{x}_m, y_m)\}_{m=1}^M)}{\partial \boldsymbol{w}}$$

$$= \sum_{m=1}^M y_m (1 - p(t = 1 | \boldsymbol{x}_m, \boldsymbol{w})) \boldsymbol{x}_m - (1 - y_m) p(t = 1 | \boldsymbol{x}_m, \boldsymbol{w}) \boldsymbol{x}_m$$

$$= \sum_{m=1}^M \left[y_m (1 - p(t = 1 | \boldsymbol{x}_m, \boldsymbol{w})) - (1 - y_m) p(t = 1 | \boldsymbol{x}_m, \boldsymbol{w}) \right] \boldsymbol{x}_m$$

$$= \sum_{m=1}^M \left[y_m - y_m p(t = 1 | \boldsymbol{x}_m, \boldsymbol{w}) - p(t = 1 | \boldsymbol{x}_m, \boldsymbol{w}) + y_m p(t = 1 | \boldsymbol{x}_m, \boldsymbol{w}) \right] \boldsymbol{x}_m$$

$$= \sum_{m=1}^M \left(y_m - p(t = 1 | \boldsymbol{x}_m, \boldsymbol{w}) \right) \boldsymbol{x}_m \tag{3.20}$$

式 (3.20) の和の中で現れる $(y_m - p(t = 1 | \boldsymbol{x}_m, \boldsymbol{w})) \boldsymbol{x}_m$ を詳しく見てみましょう．y_m は学習データセット上でレビュー x_m に割り当てられたラベルで，0 または 1 を取ります．一方，$p(t = 1 | \boldsymbol{x}_m, \boldsymbol{w})$ は学習するロジスティック回帰モデルから予測される確率であり，$[0, 1]$ の実数値です．したがって，$(y_m - p(t = 1 | \boldsymbol{x}_m, \boldsymbol{w}))$ は実際のラベルと学習するモデルから予測した値の間の差です．例えば，x_m が正例であれば $y_m = 1$ なので，$(1 - p(t = 1 | \boldsymbol{x}_m, \boldsymbol{w}))$ はモデルが実際の値とどれくらい離れているかを評価しています．この値が高ければ高いほどモデルの予測確率を大きくしなければなりません．したがって，この場合，尤度を大きくする方向に $\boldsymbol{w}$ を

移動させなければなりません. 一方, x_m が負例であれば $y_m = 0$ なので, $-p(t = 1|\boldsymbol{x}_m, \boldsymbol{w})$ はモデルが実際の値とどれくらい離れているかを評価しています. この値が高ければ高いほどモデルの予測確率を小さくしなければなりません. したがって, この場合, 尤度を小さくする方向に $\boldsymbol{w}$ を移動させなければなりません.

式 (3.20) で目的関数である対数尤度のパラメータ $\boldsymbol{w}$ における 1 次微分係数が与えられています. 対数尤度の性質を調べるため, 式 (3.20) をもう一度 $\boldsymbol{w}$ で微分し, 2 次微分係数を求めます.

$$
\begin{aligned}
&\frac{\partial^2}{\partial^2 \boldsymbol{w}} \log\left(p(\{(\boldsymbol{x}_m, y_m)\}_{m=1}^M)\right) \\
&= \frac{\partial}{\partial \boldsymbol{w}} \sum_{m=1}^M (y_m - p(t = 1|\boldsymbol{x}_m, \boldsymbol{w}))\, \boldsymbol{x}_m \\
&= \sum_{m=1}^M \boldsymbol{x}_m \frac{\partial}{\partial \boldsymbol{w}} (y_m - p(t = 1|\boldsymbol{x}_m, \boldsymbol{w})) \\
&= -\sum_{m=1}^M \boldsymbol{x}_m \frac{\partial}{\partial \boldsymbol{w}} p(t = 1|\boldsymbol{x}_m, \boldsymbol{w}) \\
&= -\sum_{m=1}^M ||\boldsymbol{x}_m||^2 \frac{\exp(-\boldsymbol{x}_m^\top \boldsymbol{w})}{\left(1 + \exp(-\boldsymbol{x}_m^\top \boldsymbol{w})\right)^2}
\end{aligned}
\tag{3.21}
$$

式 (3.21) の最後の式変形では式 (3.18) の結果を用いています. 指数関数は常に正の値をもつため, 式 (3.21) から分かるように, 対数尤度の 2 次微分係数は常に負の値を取ります. これは 1 次微分係数が常に減少していくことを意味します. つまり, 1 次微分係数は最初は正の値を取り, 極値ではゼロとなり, その後負の値へと変化していくことになります. これは最大値をもつ関数の特徴であり, 対数尤度関数が凸関数であることを示します. 図 **3.3** に 1 次微分係数と関数の形を示します.

上記の凸性の議論では, 説明を簡単にするため $d = 1$ の 1 次元素性ベクトルを仮定しました. 一般的には多次元の場合でも同じような議論が成り立ちますが, その場合, 二階微分がヘッセ行列となります. ヘッセ行列はすべての変数間の 2 次的な組み合わせに関する 2 階微分を要素とする行列であり, 極値の議論を行うにはその固有値の符号を調べる必要があります [45].

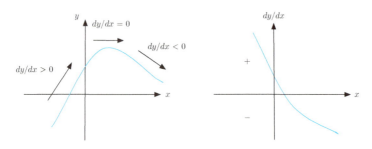

図 3.3 1 次微分係数が取る値（右）とそのときの関数の形の変化（左）を示しています．1 次微分係数は常に減少しているので，その微分係数である 2 次微分係数は常に負の値を取ります．

3.6.2 確率的勾配法

対数尤度関数は最大点をもつ凸関数であることが分かったので，重みベクトル w を何らかの値に初期化をし，勾配に従って目的関数が大きくなる方向に進めばいずれ最大点に辿り着くことができます．なお，目的関数が凸であるため，w をどの値に初期化しても最終的にただ 1 つのみ存在する最大点に到達できます．これは最適化を行ううえで極めて重要な性質であり，この性質に基づき凸関数の最適化を効率的に行うための手法が存在します．機械学習では学習事例全体を同時に扱って最適化を行う**バッチ最適化** (batch optimization) と 1 個の学習事例ごとに最適化を行う**オンライン最適化** (online optimization) として 2 種類の方法が存在します．ロジスティック回帰のバッチ最適化で広く用いられている手法として Limited Memory BFGS (L-BFGS) アルゴリズムがあります [45]．しかし，バッチ最適化では学習事例をメモリ上で全部同時にもたないといけないので，特にウェブデータのような膨大な学習データから学習する場合はバッチ学習が困難です．したがって，ここではオンライン最適化の代表的な手法である**確率的勾配法** (stochastic gradient ascent/descent) を用いたロジスティック回帰学習を紹介します．

確率的勾配法では学習データの中からランダムにサンプルを取り，そのサンプルで評価した目的関数を最大化（または最小化）するため，勾配の方向（またはその逆方向）に最適化すべきパラメータを移動させます．ここで使うサンプル数としては，事例を 50 個から 100 個程度使うことが多いです．元

の学習データセットから選択した少数事例からなるサンプルはミニバッチと呼ばれています．特に，ミニバッチとして 1 個の学習事例からなるサンプルを使う手法は，オンライン学習アルゴリズム中でも注目を浴びており，広く用いられています．ミニバッチとして元の学習データセットから学習事例を選択する手法として，ランダムに毎回学習事例を選択し，選択した学習事例を再び学習データセットに戻すサンプリング手法と，事前に決められた順序で学習データセットから事例を選択する手法があります．

確率的勾配法を使ってパラメータ $\boldsymbol{w}$ をもつ目的関数 $E(\boldsymbol{w})$ を最大化する場合，現在のパラメータの値 $\boldsymbol{w}^{(t)}$ から次のパラメータの値 $\boldsymbol{w}^{(t+1)}$ を式 (3.22) に従って更新します．ここで，t は何回目の重み更新なのかを表す整数です．重みベクトルを更新する回数は**反復回数** (number of iterations) と呼ばれています．

$$\boldsymbol{w}^{(t+1)} = \boldsymbol{w}^{(t)} + \eta \frac{\partial E}{\partial \boldsymbol{w}} \tag{3.22}$$

η は**学習率** (learning rate) と呼ばれており，勾配に従って現在のパラメータ値をどの程度移動させるかを決めています．もし，目的関数を最大化するのではなく最小化するのであれば，勾配とは逆の方向にパラメータ値を移動させれば良いことになります．その場合のパラメータ更新式は，次で与えられます．

$$\boldsymbol{w}^{(t+1)} = \boldsymbol{w}^{(t)} - \eta \frac{\partial E}{\partial \boldsymbol{w}} \tag{3.23}$$

式 (3.23) は式 (3.22) で勾配 $\frac{\partial E}{\partial \boldsymbol{w}}$ の符号を反転させたものであることに注意してください．

学習率 η を調整することで，最適化がどの速度で収束させるかを決めることができます．例えば，η を小さくすれば毎回更新されるパラメータ値の差分が小さくなるため，最適化解が得られるまで時間がかかります．一方，η を大きくすると，更新する分が多すぎて最適解を飛ばして移動してしまう可能性があります．したがって，η をどのように調整するかが確率的勾配法を用いた学習では重要です．学習率を一定の値にせずに，学習の序盤では，学習率をやや大きな値にし，他のパラメータを大きく変更し，徐々に学習率を減らし，慎重にパラメータ更新を行うやり方が経験的に良いことが知られています．どのように学習率を設計するかというアルゴリズムは，総じて学習率スケジューリングアルゴリズムと呼ばれています．自然言語のように，少

54　Chapter 3　評判分類の学習

数の素性しか 1 個の学習事例の中に出現せず，素性がスパース（疎）な学習
データに対して有効な学習率スケジューリングアルゴリズムとして adaptive
sub-gradient method (**AdaGrad**)[17] があります．オンライン最適化につ
いては本シリーズの『確率的最適化』[74] と『オンライン機械学習』[68] を参照
してください．以下の議論では簡単のため学習率を一定の値にしています．

　さて，確率的勾配法を用いてロジスティック回帰学習の最適化をしまし
ょう．式 (3.20) ですでに目的関数の勾配を計算しているため，その値を式
(3.22) に代入することで，パラメータ更新式は式 (3.24) のように計算でき
ます．

$$\boldsymbol{w}^{(t+1)} = \boldsymbol{w}^{(t)} + \eta(y_m - p(t = 1|\boldsymbol{x}_m, \boldsymbol{w}))\boldsymbol{x}_m \qquad (3.24)$$

　上記の議論では学習データに関する対数尤度を最大化させるパラメータ値
を求める最適化問題として，ロジスティック回帰学習を紹介しました．一方，
機械学習ではある予測モデルのパラメータを更新するために，そのモデルを
使って何らかの予測（例えば学習事例のラベルの予測）を行った場合，その
予測した結果が実際の値とどれくらい離れているかという「誤差」を最小化
するようにパラメータの最適化を行うアプローチもあります．これは確率を
出力しないほかの分類器モデルに対しても適用できる汎用的なアプローチで
あり，無論，ロジスティック回帰学習にも適用できます．このアプローチで
はまず，予測値と実際値の間のずれを評価するために誤差を評価する**誤差関
数** (error function) あるいは**損失関数** (loss function) を定義する必要があり
ます．ロジスティック回帰では誤差関数として**交差エントロピー誤差** (cross
entropy error) を使います．交差エントロピー誤差 $E(\{(\boldsymbol{x}_m, y_m)\}_{m=1}^{M}, \boldsymbol{w})$
は負の対数尤度であり，次で与えられます．

$$E(\{(\boldsymbol{x}_m, y_m)\}_{m=1}^{M}, \boldsymbol{w}) = -\log\left(p(\{(\boldsymbol{x}_m, y_m)\}_{m=1}^{M})\right) \qquad (3.25)$$

式 (3.20) ですでに $\log\left(p(\{(\boldsymbol{x}_m, y_m)\}_{m=1}^{M})\right)$ を目的関数として用いた場合の
勾配を求めているので，式 (3.25) の交差エントロピー誤差に関する勾配を求
めるにはさらに符号を反転させれば良いだけです．なお，誤差関数を最小化
しなければならないため，式 (3.23) の最小化向けの確率的勾配法によるパラ
メータ更新式を用いる必要があります．したがって，最終的には式 (3.24) と
同じパラメータ更新式になります．

3.6.3 バイアス項

式 (3.11) では，評判分類したいレビューを表す素性ベクトルとロジスティック回帰などを使って学習した重みベクトルとの内積の値が正か負かで，良い評判（正例ラベル）または悪い評判（負例ラベル）としてラベルの予測を行いました．ところで，素性の値や学習した重みの値によって必ずしもゼロを境目にクラスの変化が起きるとは限りません．例えば，ある素性 x_i がどのレビューに対しても 2 回以上出現しており，その素性の値は 2 以上だとしましょう．そして，この素性に対する重みは 0.1 として学習されたとしましょう．この i 番目の素性はどのレビューでも出現しているため，$\boldsymbol{x}^\top \boldsymbol{w}$ を計算する際に $2 \times 0.1 = 0.2$ という正の値が内積に貢献します．したがって，正例か負例かを判定する際に 0 ではなく，0.2 以上か以下でその判定をしなければなりません．つまり，0 ではない数字を基準に式 (3.11) で判定を行う必要があります．このようにラベル判定がゼロではない数字を基準に行わなければならない場合は，式 (3.11) を次のように変更します．

$$\boldsymbol{x} \text{ の評判ラベル} = \begin{cases} 1(\text{正例}/\text{良い評判}) & \boldsymbol{x}^\top \boldsymbol{w} + b \geq 0 \\ 0(\text{負例}/\text{悪い評判}) & \boldsymbol{x}^\top \boldsymbol{w} + b < 0 \end{cases} \tag{3.26}$$

ここで，$b \in \mathbb{R}$ は**バイアス項** (bias term) と呼ばれる実数値です．

ところで，常に値が 1 である素性 x_0 を新たに導入し，x_0 に対する重み $w_0 = b$ としてバイアス項 b も $\boldsymbol{w}$ の中に収めることができます．つまり，この場合，

$$\boldsymbol{x}^\top \boldsymbol{w} = x_0 w_0 + \sum_{i=1}^{d} x_i w_i = b + \sum_{i=1}^{d} x_i w_i$$

となります．これで理論的には素性ベクトルと重みベクトルは $(d+1)$ 次元の実数ベクトルとなりますが，バイアス項ありの場合のラベル判定も式 (3.11) 同様に行うことができるため，3.6 節の解析をそのまま使うことができます．上記の説明では，どのレビューにも出現するような素性 x_0 を導入することでバイアス項の学習も他の重み同様に学習できることを示しましたが，学習アルゴリズムの実装上では，常に値が 1 である素性を明示的にもつ必要はありません．バイアス項はすべての学習事例に対して存在するものとして分類器内部で管理することで，学習事例の次元を増やすことなく，バイアス項を

学習することができます．バイアス項の扱いで特に注意しなければならない
のは，次節で紹介する「過学習の問題を解決するために重みベクトルに対し
て正則化を行う際に，バイアス項に関しては正則化を行わない」ことです．
つまり，バイアス項は重みベクトルに関する正則化とは無関係に，自由に更
新できるようにしなければなりません．

3.6.4 過学習と正則化

　ロジスティック回帰で評判分類器を学習する場合に問題となるのは，学習
データに関してはラベル予測精度が高いが，実際に評判分類をしたいテスト
データに関してはラベル予測精度が低いことです．この問題は機械学習で**過
学習** (overfitting) と呼ばれています．ロジスティック回帰のように各々の
素性に対して重みを学習する場合，素性の数と同数のパラメータを学習しな
ければなりません．パラメータの数が多ければ多いほど学習モデルが複雑に
なり，学習データに特化し過ぎたモデルが学習されてしまう可能性が高くな
ります．例えば，**図 3.4** の状況を考えましょう．図 3.4 では 2 次元の素性空
間で表した正例（赤点）2 つ，負例（青点）1 つを分類する分類器学習問題を
示しています．黒で示している直線はこの 3 点を正しく分類しています．し
たがって，これは線形分離可能なデータセットです．直線は

$$y = a_0 x + a_1 \tag{3.27}$$

の形で 2 つのパラメータ a_0 と a_1 を使って定義されます．ところで，青で示
す 2 次曲線もこの 3 点を正しく分類しています．2 次曲線は 2 次の多項式

$$y = a_0 x^2 + a_1 x + a_2 \tag{3.28}$$

の形で 3 つのパラメータ a_0, a_1, a_2 を使って定義されます．さらに，赤で示
す 3 次曲線もこの 3 点を正しく分類しています．3 次曲線は 3 次の多項式

$$y = a_0 x^3 + a_1 x^2 + a_2 x + a_3 \tag{3.29}$$

の形で 4 つのパラメータ a_0, a_1, a_2, a_3 を使って定義されます．直線，2 次曲
線と 3 次曲線，すべてがこの 3 点を正しく分類できますが，それぞれを使っ
た場合，学習すべきパラメータ数は 2, 3, 4 の順に増えていきます．つまり，
直線でモデル化する方が最もシンプルなモデルとなり，2 次曲線や 3 次曲線

3.6 ロジスティック回帰による評判分類器学習

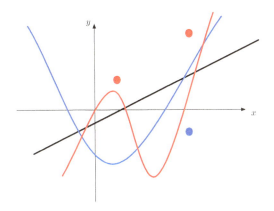

図 3.4 正例（赤点）2 つと負例（青点）1 つを分類する学習器を求める問題を示します．黒で示す直線で正例と負例を正しく分類可能ですが，青で示す 2 次曲線と赤で示す 3 次曲線でも正例と負例を正しく分類可能です．しかし，直線に比べ，他の曲線は学習事例に近くなっており，テスト事例を正しく分類できない可能性が高くなります．これはこの 3 点に関して，直線より他の曲線に対する学習モデルが過学習を起こしている可能性が高いことを意味します．

の順に学習モデルの複雑さが増えていくということになります．しかも，2 次曲線と 3 次曲線は学習データに当てはまりすぎで，テストデータを正しく分類できない可能性が高くなります．したがって，同じ 3 点を正しく分類したいのであれば，より簡単なモデル（この場合，直線）の方が好ましいといえます．同じ現象を説明する仮説の中でより簡単な仮説を選ぶ原理は**オッカムのカミソリ** (Occam's razor) と呼ばれています．

過学習が起きる原因がモデルの自由度が高すぎることであれば，どのようにしてモデルを制限すれば良いかを考えましょう．図 3.4 の例の中にすでにその答えがあります．過学習を避けるためにはモデルに含まれているパラメータに関して何らかの制約を追加すれば良いことになります．ロジスティック回帰の場合，w がモデルを完全に表現しているパラメータなので，w に関して何らかの制約を追加すれば良いことになります．このようにパラメータに関して何らかの制約を付けることで，過学習を起きにくくする方法は**正則化** (regularization) と呼ばれています．モデルがベクトルで定義されるときの正則化としては，ベクトルの長さを最小化する形の正則化手法があ

58 **Chapter 3** 評判分類の学習

ります. ベクトルの長さは**ノルム** (norm) と呼ばれており, 分類器学習では
ノルムの中でも式 (3.30) と式 (3.31) で定義されている ℓ_1 ノルム ($||\boldsymbol{w}||_1$ と
して表します) と ℓ_2 ノルム ($||\boldsymbol{w}||_2$ として表します) を使った ℓ_1 正則化と ℓ_2
正則化が良く用いられています.

$$||\boldsymbol{w}||_1 = \sum_{i=1}^{d} |w_i| \qquad (3.30)$$

$$||\boldsymbol{w}||_2 = \sqrt{\sum_{i=1}^{d} w_i^2} \qquad (3.31)$$

ここでは, ℓ_2 正則化を使うことでロジスティック回帰分類器の過学習を抑
える方法について説明します. 式 (3.16) で与えられている目的関数 (学習
データの対数尤度) に, 新たに重みベクトルの ℓ_2 ノルムの二乗を追加するこ
とで式 (3.32) の ℓ_2 正則化付きのロジスティック回帰学習における目的関数
$F(\boldsymbol{w})$ を定義します.

$$F(\boldsymbol{w}, \{(\boldsymbol{x}_m, y_m)\}_{m=1}^{M}) = \log \left(p(\{(\boldsymbol{x}_m, y_m)\}_{m=1}^{M}) \right) - \lambda||\boldsymbol{w}||_2^2 \qquad (3.32)$$

式 (3.32) で $\lambda \geq 0$ は**正則化係数** (regularization coefficient) と呼ばれてお
り, 正則化による影響を調整するためのパラメータです. 例えば, より強く
正則化をしたければ λ を大きくすれば良く, 正則化による影響を小さくした
ければ λ を小さくすれば良いことになります. $\lambda = 0$ とすることで正則化な
しのロジスティック回帰を導出できます. ℓ_2 ノルムはベクトルの各要素の二
乗和の平方根であるため, ℓ_2 ノルムを小さくすることはベクトルの各要素の
値を小さくすることになります. これは分類器で使うパラメータ数を減らす
効果があり, オッカムのカミソリの原理に基づいています. 式 (3.32) で目的
関数を最大化したいため, 最小化すべき正則化項の前に負の符号がついてい
ます. つまり, 目的関数 $F(\boldsymbol{w}, \{(\boldsymbol{x}_m, y_m)\}_{m=1}^{M})$ を最大化する場合, 式 (3.32)
の右辺のデータセットの対数尤度に関する $\log \left(p(\{(\boldsymbol{x}_m, y_m)\}_{m=1}^{M}) \right)$ が最大
化され, 正則化に関する項である $\lambda||\boldsymbol{w}||_2^2$ が最小化されます.

式 (3.32) で $\boldsymbol{w}$ の ℓ_2 ノルムそのものではなく, その二乗を取っているこ
とに注意してください. これは以下の議論で明らかなように, $\boldsymbol{w}$ で目的関数
$F(\boldsymbol{w}, \{(\boldsymbol{x}_m, y_m)\}_{m=1}^{M})$ を微分し, その勾配を求めていますが, ℓ_2 ノルム中

に平方根が入っていると微分をした後に負の乗根が現れることを防ぐための工夫です. 具体的に $F(\boldsymbol{w}, \{(\boldsymbol{x}_m, y_m)\}_{m=1}^M)$ を $\boldsymbol{w}$ で微分した結果が式 (3.33) となります.

$$\frac{\partial F(\boldsymbol{w})}{\partial \boldsymbol{w}} = \underbrace{\frac{\partial \log \left(p(\{(\boldsymbol{x}_m, y_m)\}_{m=1}^M)\right)}{\partial \boldsymbol{w}}}_{\text{式 (3.20) ですでに計算済み}} - 2\lambda \boldsymbol{w} \qquad (3.33)$$

式 (3.33) の右辺の第一項は式 (3.20) ですでに計算済みなので, その結果を式 (3.33) に代入することで, 式 (3.34) のように目的関数の勾配を求めることができます.

$$\frac{\partial F(\boldsymbol{w})}{\partial \boldsymbol{w}} = \sum_{m=1}^M \left(y_m - p(t = 1|\boldsymbol{x}_m, \boldsymbol{w})\right) \boldsymbol{x}_m - 2\lambda \boldsymbol{w} \qquad (3.34)$$

式 (3.34) の右辺の第二項はベクトルの ℓ_2 ノルムの二乗に関する微分であり, その導出については, 付録 A.3 を参照してください.

さて, 式 (3.22) の確率的勾配法に基づき, 学習事例を 1 個のみを処理し, 重みベクトルを更新する更新式を導出しましょう. 式 (3.34) から分かるように正則化を追加した場合, 新たに $\boldsymbol{w}$ に比例した項が目的関数の重みベクトルに対する勾配の中に現れるのみです. したがって, 正則化付きのロジスティック回帰をオンライン学習器として学習させるため, 式 (3.35) の更新式に従って, 重みベクトル $\boldsymbol{w}$ を更新すれば良いことになります.

$$\boldsymbol{w}^{(t+1)} = \boldsymbol{w}^{(t)} + \eta \left((y_m - p(t = 1|\boldsymbol{x}_m, \boldsymbol{w}))\boldsymbol{x}_m - 2\lambda \boldsymbol{w}^{(t)} \right)$$

$$\boldsymbol{w}^{(t+1)} = (1 - 2\eta\lambda)\boldsymbol{w}^{(t)} + \eta \left((y_m - p(t = 1|\boldsymbol{x}_m, \boldsymbol{w}))\boldsymbol{x}_m \right) \qquad (3.35)$$

式 (3.35) では, λ の代わりに λ を学習データセット中の事例数 M で割ったものを使うことがあります. これは 式 (3.34) が M 個の学習データに関する対数尤度とその場合の正則化を表しているため, 1 個の学習事例のみを見て重みを更新する場合, 式 (3.34) の正則化の $1/M$ 分の正則化しか与えてはいけないという考え方に基づいています. さらに, 式を美しくするため, 微分することで得られる係数 2λ が λ となるように, 式 (3.32) で正則化係数として λ ではなく, $\lambda/2$ を使う場合があります. したがって, 式 (3.35) で最終的に得られた重み更新式を, ほかの文献でのロジスティック回帰の導出と比

60   **Chapter 3** 評判分類の学習

較する場合，これらの相違点に気を付けなければなりません．

アルゴリズム **3.1** に，ロジスティック回帰による二値分類器学習アルゴリズムを示します．

アルゴリズム 3.1　ロジスティック回帰による評判分類器学習アルゴリズム

> **入力:** 学習データセット $\{(\boldsymbol{x}_m, y_m)\}_{m=1}^{M}$，正則化係数 λ，学習率 η，
> 　　　反復回数 T.
> **出力:** 分類器の重みベクトル $\boldsymbol{w}$.
>
> 1: 重みベクトルをゼロベクトルとして初期化をします．$\boldsymbol{w} = \boldsymbol{0}$.
> 2: **for** $t = 1$ **to** T **do**
> 3: **for** $m = 1$ **to** M **do**
> 4: $p(t = 1 | \boldsymbol{x}_m, \boldsymbol{w}) = \frac{1}{1 + \exp(-\boldsymbol{x}_m^\top \boldsymbol{w})}$
> 5: $\boldsymbol{w}^{(t+1)} = (1 - 2\eta\lambda)\boldsymbol{w}^{(t)} + \eta((y_m - p(t = 1 | \boldsymbol{x}_m, \boldsymbol{w}))\,\boldsymbol{x}_m$
> 6: **end for**
> 7: **end for**
> 8: **return** $\boldsymbol{w}$.

アルゴリズム 3.1 の動作を詳しく見てみましょう．まず，入力すべき情報として M 個の事例からなる学習データセット，正則化係数 λ，学習率 η，反復回数 T があります．正則化係数，学習率，反復回数は学習の過程で決まらず，事前に与える必要があります．このようなパラメータは機械学習では**ハイパーパラメータ** (hyper-parameter) と呼ばれています．ハイパーパラメータは学習アルゴリズムの中で決まらないため，別の方法で決める必要があります．ハイパーパラメータを調整するためには，2 つの方法が広く用いられています．

1. 開発データを用いたハイパーパラメータ調整：この方法では学習データと別に**開発データ** (development data) としてラベル付きの事例を用意します．多くの場合，学習データから一部をランダムに選択し，そ

れを開発データとして使います．例えば，開発データとして学習データ
の事例数の 1/5 個の学習事例を使うことができます．ハイパーパラメー
タをある値に設定し，その値を元にアルゴリズム 3.1 を走らせ，得られ
た重みベクトル w を用います．次に，学習した重みベクトルを使って
開発データに関する評判ラベルを予測します．予測性能は 3.8 節で説明
する正解率，精度，再現率などを用いて評価できます．具体的にはハイ
パーパラメータの値を変更しながら学習し，そのときの正解率を評価し
ます．最終的に，開発データ上で最大な精度が得られたときのハイパー
パラメータ値を使って，テストデータ中の事例を分類し，そのときの性
能を評判分類器の性能とします．

　上記の手順ではハイパーパラメータをどの範囲で変更させるかが
重要です．これはハイパーパラメータの性質による問題であり，ハイ
パーパラメータによって，その値をどの範囲内で変更すべきかを決めま
す．例えば，正則化係数の場合，対数スケールで変更することが多く，
$\{0.001, 0.01, 0.1, 0, 1, 10, 100, 1000\}$ のような値を試します．ハイパー
パラメータをある範囲内で変更させると，分類性能が激的に変わるよう
であれば，その範囲を細分化して調べます．調べる範囲を限定するため
に効率的な方法として**二等分割法** (binary partitioning) があります．二
等分割法では，あるハイパーパラメータの値が範囲 $[a, b]$ で調整してい
る場合，その範囲の両端である a と b では分類器の性能が大きく変わ
る場合，次に $[a, (a + b)/2]$ と $[(a + b)/2, b]$ の範囲で調べます．その 2
つの範囲の中で性能がより大きくなる値が見つかれば，さらに二等分割
をし，詳細に調べます．しかし，ハイパーパラメータを変えるたびに，
分類器を学習し直す必要があり，時間がかかります．したがって，大き
なデータセットから学習しなければならない場合や，一反復あたりの学
習時間が長い場合は試すことのできるハイパーパラメータの値が限られ
ます．なお，ロジスティック回帰のように正則化係数，学習率，反復回
数など複数のハイパーパラメータが存在する場合，そのすべての組み合
わせを試すことができません．その場合，調整すべきハイパーパラメー
タに関して優先順位を決め，優先順位の高いものからハイパーパラメー
タを定め，一度決めたハイパーパラメータを固定し，残りのハイパーパ
ラメータについて同様に繰り返す，いわゆる貪欲法が広く用いられてい

ます．無論，ハイパーパラメータ調整のために決して開発データとして
テスト用のデータを使ってはいけません．ハイパーパラメータも学習の
性能を決める一種のパラメータなので，調整したハイパーパラメータは
そのデータセットに特化している可能性があり，過学習している可能性
があります．したがって，テストデータ上の性能を使ってハイパーパラ
メータを調整すると，本当に評判ラベルが未知である事例に対しては正
しく分類できない可能性があります．

2. **交差検定を用いたハイパーパラメータ調整**：学習データと別に開発デー
タを用意することでハイパーパラメータを調整する方法を説明しました
が，学習データセットが小さい場合や学習データ以外に開発データが用
意できない場合が実際にあり得ます．その場合，学習データセットを同
数の事例を含むように均等に k 個に分割し，そのうちの $(k-1)$ の分割
から学習し，残り1個の分割上で性能を評価します．このプロセスを毎
回異なる分割を用いて k 回繰り返し，それらの性能評価の平均を求め
ることで，あるハイパーパラメータ値の元の評判分類器の性能を推定し
ます．この方法は k **分割交差検定** (k-fold cross-validation) と呼ばれて
います．交差検定は異なる k 個の開発データセットにおける性能の平
均を考慮していると見ることができます．したがって，交差検定は上記
説明した開発データセットを用いた手法を含んでいる，より一般的なハ
イパーパラメータ調整用の手法だといえます．1つの開発データセット
しか存在しない場合，その開発データセットは，たまたま分類しやすい
事例のみを含んでいるなど特有の性質をもつ事例に偏っている可能性が
あります．したがって，1つしか存在しない開発データセット上で評価
し，決定したハイパーパラメータ値の信頼性は低くなります．それに対
し，交差検定では複数の分割を使って評判分類器の性能評価を行い，そ
の平均でもって最適なハイパーパラメータ値を決めているので，その信
頼性は高いといえます．なお，学習データを均等に k 個に分割する方法
だけではなく，開発データとして選んだ学習事例を再び学習データセッ
トに戻し，別のランダムな事例を開発データとして選ぶことでより多く
の分割を得ることができます．こうして見ると，交差検定を用いたハイ
パーパラメータ推定の手法の方が開発データを用いたハイパーパラメー

タ推定の手法より優れているように見えますが，k 分割交差検定を行う
ためには k 回学習を繰り返さないといけないため，学習データの量が大
きく，学習するのに時間がかかるアルゴリズムである場合，交差検定で
ハイパーパラメータを推定するのは難しくなります．したがって，学習
に時間がかかる場合は開発データによるハイパーパラメータ推定手法を
用い，より正確にハイパーパラメータを調整したい場合は交差検定を用
いるなど，その使い分けを考えなければなりません．

アルゴリズム 3.1 によって学習される重みベクトル w は各素性に関してそ
れが良い評判を表すか，あるいは悪い評判を表すかという情報を含んでいま
す．例えば，i 番目の素性に関する重み w_i が高い正の値であれば，この素性
があるレビュー x 中に出現している場合，内積 $x^\top w$ 中の i 番目の素性に関
する成分 $x_i w_i$ が正の高い値を取ります．したがって，i 番目の素性が出現し
ていることが $p(t = 1|x, w)$ を大きくする要因となります．このように，重
みの高い素性ほど与えられた事例のラベルを予測する際に重要となるため，
学習された重みを見ることで素性の評判極性（3.9 節を参照してください）を
理解できます．

3.7　多値評判分類学習

これまでは主に「良い評判」と「悪い評判」の 2 つの評判を予測する二値分
類器を中心に説明しましたが，良くも悪くもない「中性の評判」も予測した
い場合や，オンラインシッピングサイトの評判書き込みなどで良く使われる
1 から 5 までの評価（例えば，星の数）を予測したい場合があります．「良い
評判」「悪い評判」「中性の評判」といった互いに独立した複数の評判クラス
に分類する問題は**多クラス分類** (multi-class classification) と呼ばれていま
す．二値評判分類学習用のロジスティック回帰学習手法を多クラス分類器と
して簡単に拡張させることができます．例えば，「良い評判」「悪い評判」「中
性の評判」の 3 つの評判を予測する多値分類器を学習したいとします．その
ために，「良い評判」かそうでないかという 2 クラスを分類する二値分類器を
ロジスティック回帰を使って学習します．この分類器を表す重みベクトルを
w_1 としましょう．同様に，「悪い評判」かそうでないかという 2 クラスを分

類する二値分類器をロジスティック回帰を使って学習します．この分類器を表す重みベクトルを $\boldsymbol{w}_{-1}$ としましょう．最後に，「中性の評判」かそうでないかという 2 クラスを分類する二値分類器をロジスティック回帰を使って学習します．この分類器を表す重みベクトルを $\boldsymbol{w}_0$ としましょう．さて，評判分類がしたいテスト事例 $\boldsymbol{x}$ が与えられている場合，まず，式 (3.13) を用い，そのテスト事例 $\boldsymbol{x}$ がそれぞれ「良い評判」「悪い評判」「中性の評判」を表す確率を次のように計算します．

$$p(t = 良い評判\,|\boldsymbol{x}, \boldsymbol{w}_1) = \frac{1}{1 + \exp(-\boldsymbol{x}^\top \boldsymbol{w}_1)} \tag{3.36}$$

$$p(t = 悪い評判\,|\boldsymbol{x}, \boldsymbol{w}_{-1}) = \frac{1}{1 + \exp(-\boldsymbol{x}^\top \boldsymbol{w}_{-1})} \tag{3.37}$$

$$p(t = 中性の評判\,|\boldsymbol{x}, \boldsymbol{w}_0) = \frac{1}{1 + \exp(-\boldsymbol{x}^\top \boldsymbol{w}_0)} \tag{3.38}$$

次に，式 (3.36), 式 (3.37), 式 (3.38) のうち，確率が最も高いクラスにテスト事例 $\boldsymbol{x}$ を分類します．この汎用的な方法では分類したいクラスの数だけ二値分類器を学習することで二値分類器学習アルゴリズムを使って多値分類器学習をすることができます．

　一方，オンラインショッピングサイト上の評判書き込みのように評判を 1 から 5 までの正数で表している場合は，多クラス分類として定式化するより，回帰学習問題として定式化するのが自然です．例えば，あるレビューに 5 星の評価がされている場合，これは，このレビューは 4 星や 3 星の評価がされているレビューよりも評判が良いということを意味します．多クラス分類学習ではクラス間の関係を無視しており，クラスは独立なものだと仮定しています．回帰学習には**サポートベクトルマシン回帰** (support vector machine regression) [71] や，**ガウシアンプロセス回帰** (Gaussian process regression) [65] などの回帰学習アルゴリズムが使われています．

3.8　評判分類の評価

　本節では評判分類器を評価するための方法を説明します．

3.8.1 二値評判分類の評価

二値評判分類学習では評価尺度として**正解率**が良く用いられています．正解率は正しく分類できた事例とテストデータ中の全事例数の割合であり，次で定義されます．

$$正解率 = \frac{正しく分類できた事例数}{全事例数} \times 100\% \tag{3.39}$$

ランダムに正例と負例のラベルを予測する分類器ならば，テストデータ中の正例と負例の数に関係なく，50% の正解率が得られます．これは次のように確認することができます．例えば，テストデータ中に M_N 個の負例と M_P 個の正例が存在しているとしましょう．ランダムに評判ラベルを予測する分類器であれば，M_N 個の負例のうち，$M_N/2$ 個が負例として正しく分類され，残りの $M_N/2$ 個が正例として誤って分類されるはずです．同様に，そのランダムな分類器は M_P 個ある正例のうち $M_P/2$ 個を正例として正しく分類し，残りの $M_P/2$ 個を負例として誤って分類するはずです．したがって，正しく分類された事例の数は $(M_P/2) + (M_N/2) = (M_P + M_N)/2$ です．一方，テストデータ中の全事例数は $M_P + M_N$ であるため，式 (3.39) によって計算された正解率は，

$$\frac{(M_P + M_N)/2}{M_P + M_N} \times 100\% = 50\%$$

となります．学習事例をランダムに分類する分類器は分類精度を評価する場合に下限の**比較指標** (lower baseline) として用いられています．

ところで，テストデータ中の正例数と負例数が等しくない場合，常に過半数のラベルを予測するような分類器であっても 50% 以上の正解率になります．このように常に過半数のラベルと予測する分類器を**過半数分類器** (majority classifier) と呼びます．したがって，テストデータ中に正例と負例に偏りがある場合，過半数分類器における正解率を報告することが重要です．

3.8.2 多値評判分類の評価

3.7 節で複数の評判カテゴリーを予測するための手法を紹介しました．ここでは，そのような多値クラス分類器の性能を評価するための手法を説明します．具体例として「良い評判」「悪い評判」「中性の評判」という 3 つの評判

66   **Chapter 3**   評判分類の学習

カテゴリーを予測する多値分類器が学習できているとします．この分類器が
「良い評判」を当てる場合の性能を評価するため，**表3.2**で示す状況を考えま
しょう．表 3.2 の分割表では分類器がレビューに対して予測したラベルとそ
のレビューの実際のラベルとの一致度合いを表しています．この分割表は英
語では confusion matrix あるいは contingency table と呼ばれています．表
3.2 の左上のセルでは分類器が良い評判として分類したレビューのうち何個
が実際に良い評判のレビューだったという数字 a が記録されています．同
様に，ほかのセルでは分類器が予測したラベルとそのレビューがそのラベル
であったどうかの数を表しています．表 3.2 の情報を元に，分類器が良い評
判のレビューとして分類した場合，それがどの割合で正しいかを示す指標と
して，次で定義される**精度** (precision) を計算することができます．

$$精度 = \frac{a}{a+b} \tag{3.40}$$

一方，実際にテストデータ中に存在する良い評判を表すレビューのうち，ど
れくらい予測できたかを表す指標として，次で定義される**再現率** (recall) を
計算することができます．

$$再現率 = \frac{a}{a+c} \tag{3.41}$$

精度と再現率の間ではトレードオフの関係が成り立ちます．例えば，予測確
率 $p(t = 良い評判 |\boldsymbol{x}, \boldsymbol{w}_1)$ がある閾値 θ_1 $(0 \le \theta_1 \le 1)$ 以上でなければ良い
評判として予測しない分類器があったとします．θ_1 を大きくすればより確
信度の高い場合しか良い評判のレビューとして分類しないため，精度が上が
りますが，実際に良い評判だったレビューの多くがそのように予測されない
ため，再現率が下がります．このようにトレードオフの関係にある 2 つの指
標を総合的に判断するための指標として，次で定義される **F 値** (F score) が
あります．

表 3.2 「良い評判」を予測する場合の分割表．

	良い評判のレビュー	良い評判ではないレビュー
良い評判として予測	a	b
良い評判ではないとして予測	c	d

$$F 値 = \frac{2 \times 精度 \times 再現率}{精度 + 再現率} \qquad (3.42)$$

F 値は精度と再現率の調和平均 (reciprocal mean) です.

「良い評判」「悪い評判」「中性の評判」という 3 つの評判カテゴリーそれぞれについて表 3.2 と同様に分割表を作成し，それらから精度，再現率と F 値を計算します．これらの評価指標は学習した評判分類器を使って，それぞれの評判カテゴリーを予測する場合の性能を個別に表しています．さらに，評判分類器を総合的に評価したい場合があります．例えば，このすべての評判カテゴリーに関して良い性能を示す評判分類器を選択しなければならない場合は，クラスごとに計算した性能を表す指標を統合する仕組みが必要です．カテゴリーごとに計算された評価指標の平均を取る際に，次の 2 つの方法があります．

マクロ平均化 (macro-averaging)：マクロ平均化では各クラスに関して計算した評価指標の和をクラスの数で割ることで平均を取ります．例えば，マクロ平均化を用いて計算される**マクロ平均化精度** (macro-averaged precision) は次のように定義されます.

$$マクロ平均化精度 = \frac{\sum_{t \in \ クラスの集合} クラス\, t \,に関する精度}{全クラス数} \qquad (3.43)$$

例えば，「良い評判」「悪い評判」「中性の評判」という 3 評判クラスに分類する場合のマクロ平均化精度は次のように計算されます.

$$マクロ平均化精度 = \frac{良い評判の精度 + 悪い評判の精度 + 中性評判の精度}{3} \qquad (3.44)$$

同様に，**マクロ平均化再現率**は次で定義されます.

$$マクロ平均化再現率 = \frac{\sum_{t \in \ クラスの集合} クラス\, t \,に関する再現率}{全クラス数} \qquad (3.45)$$

同様に，**マクロ平均化 F 値**は次で定義されます.

$$マクロ平均化 F 値 = \frac{\sum_{t \in \ クラスの集合} クラス\, t \,に関する F 値}{全クラス数} \qquad (3.46)$$

マイクロ平均化 (micro-averaging)：マクロ平均化は，それぞれのクラスにどれくらいテスト事例が含まれているかを考慮せずに，平均を計算する際にすべてのクラスを同じように扱っています．しかし，実際にウェブ上で評判分類を行う際に「中性の評判」を表すレビューが多いかもしれません．したがって，テストデータ中にも実際に使うときと同じような割合でそれぞれのクラスに関するテスト事例を含めて性能評価することが好ましいです．そのため，テストデータに含まれるそれぞれのクラスに関する事例数を考慮した平均化方法として，マイクロ平均化があります．マイクロ平均化方法ではまず，クラスごとに計算された分割表の各セルの合計をセルの値とする分割表を作ります．次にこの分割表に対して，精度，再現率，F 値を計算し，それぞれがマイクロ平均化精度，マイクロ平均化再現率，マイクロ平均化 F 値として定義します．テストデータセット中に各クラスに関して同数の事例が含まれている場合，マクロ平均化を用いた評価指標とマイクロ平均化を用いた評価指標は同じ値を取ります．しかし，テストデータセット中に各クラスに関して異なる数の事例が含まれている場合，これらの 2 つの平均化手法では異なる結果が得られます．実際に評判分類器の性能を評価する際にどの平均化方法を使うかは，クラス間のバラつきを評価の際に考慮したいかどうかで決まります．

3.9 評判情報辞書

3.5 節でレビューに出現している単語から抽出したユニグラムとバイグラムを素性として評判分類器を学習する方法を説明しました．ユニグラムやバイグラムの出現そのものだけではなく，何らかの評判を表すとすでに分かっている単語も素性として使うことができます．例えば，「美しい」という単語はほとんどの文脈において良い評判を表すので，この単語が良い評判を表しているという情報を分類器に最初から与えておくことで，評判分類の性能を良くすることができます．また，ある単語がどれくらい良い評判あるいは悪い評判を表しているかという単語が表す評判の**極性** (polarity) を事前に計算している**評判極性辞書** (sentiment polarity dictionary) が存在します．英単

語の極性が記録されている評判極性辞書として SentiWordNet [20] がありま
す．日本語の単語の極性が記録されている評判極性辞書として，小林ら [69]
の日本語評判極性辞書があります．

　SentiWordNet は英語の辞書である WordNet [43] に含まれている単語に対
して極性情報を付与したものです．WordNet ではある単語が複数の語義を
もつ場合，それぞれの語義ごとに個別に極性情報が記録されています．Sen-
tiWordNet では単語の評判極性がラベル付きの学習データを元に自動的に
計算されています．表 3.3 ではいくつかの単語に関して SentiWordNet に
記録されている評判極性を示します．特に，表 3.3 ではそれぞれの単語に対
し，その代表的な語義に関する良い評判極性，悪い評判極性，中性の評判極
性を示しています．SentiWordNet で中性の評判として書かれているのは，
その単語が評判を表す単語としてではなく，客観的な事実を述べるためにど
れくらい使われているかを表す値です．表 3.3 で示す通り，「beautiful」と
いう単語は良い評判を表すことが多いため，0.75 というやや高めの良い評判
の極性値をもっています．その単語が悪い評判を表すためにほとんど使われ
ないので，悪い評判を表す極性が 0 となっていますが，0.25 の中性の極性値
をもっています．「beautiful」の反対語である「ugly」に関してはその逆の
極性が見られます．表 3.3 で「ugly」に対して良い評判の極性値として 0 が
あり，0.75 というやや高めの悪い評判を表す極性値がついています．一方，
「expensive」や「modern」のような単語は良い評判も悪い評判も同程度の極
性値で表すことが分かります．

　単語の極性に関する情報があると，それを使って素性を作ることができま
す．例えば，良い極性のある単語が文書中に複数個出現している場合，その文
書が良い評判を表している可能性が高くなります．したがって，「良い評判の

表 3.3 SentiWordNet に記録されている単語の評判極性の例．

単語	良い評判	悪い評判	中性の評判
beautiful	0.75	0	0.25
ugly	0	0.75	0.25
expensive	0.5	0.5	0
cheap	0	0.25	0.75
modern	0.5	0.5	0

極性がある単語が出現している」という情報を素性として定義し，学習に使うことができます．具体例として表 3.3 にある「beautiful」という単語がある文書 x 中に現れたとしましょう．これはユニグラム素性として「beautiful」を使う以外に，beautiful+pos という良い評判を表す単語として「beautiful」が出現しているという情報を素性として定義し，x を表す素性ベクトル $\boldsymbol{x}$ に含むことができます．ここでは，辞書中に**良い極性** (positive) として登録されているという意味で「pos」を使っています．なお，その beuatiful+pos という新たな素性の素性値として，beautiful に対して SentiWord で付けられている極性値である 0.75 を使うことができます．そうすることによって，同じ beautiful という単語がユニグラム素性と SentiWordNet の極性情報を使った極性を表す素性として 2 回文書を表す素性ベクトル中に現れることになります．学習の過程で各素性が評判分類をする際にどれくらい有用かを表す重みを学習するので，beautiful というユニグラムに対する重みと beautiful+pos という極性をもつ単語に対する重みとして異なる 2 つの重みが学習されます．これは良い評判の極性をもつ単語が文書中に出現している場合，その文書がどれくらい良い評判を表すかを予測する際に役に立ちます．本来ならば十分大きな評判ラベルを付けられた学習レビューデータセットが与えられれば，単語に対する極性も学習データから推定できますが，学習用のレビューが少ない場合，外部情報として SentiWordNet のような評判極性辞書を用いると良いでしょう．

3.10　評判分類における分野適応

　評判に関するラベルが付与されたレビューが存在する場合，3.5 節ですでに説明した通り，ロジスティック回帰など二値分類器学習アルゴリズムを使って評判分類器を学習することができます．しかし，オンラインショッピングサイトのように大量の商品を扱っている場合，評判分類器を学習したいすべての商品に対して十分な量のラベル付けされた学習データが存在しないことがあります．例えば，新商品が発表される場合や，既存の商品の新バージョンが発表される場合はこのような状況が起こります．具体的な例としてiPhone 5 に関する評判情報は存在しますが，iPhone 6 が来週販売される場合，iPhone 6 に関するラベルが付けられた評判情報が十分な精度の評判分類

器が学習できるほどの量は存在しないと仮定しましょう．そのような場合，
iPhone 6 に関するレビューに人手でラベル付けを行っていると間に合わな
くなるため，既存の iPhone 5 に関するラベル付き学習データと iPhone 6 に
関するラベルなしの学習データ両方を使って，iPhone 6 に関する評判分類
器を学習できるようにします．機械学習では，学習用のデータとそこから学
習されたモデルが実際に適用される適用先テストデータが必ずしも一致しな
い場合に，どのようにして学習済みのモデルをテストデータ上で十分な精度
が得られるように適応させるかは**ドメイン適応** (domain adaptation) 問題
として知られています．

　ドメイン適応で扱っている**ドメイン** (domain) はさまざまです．iPhone
のようにある特定の商品に関するレビューの集合をドメインとして定義する
こともあれば，ある商品カテゴリー（例えば電化製品，書籍，映画など）をドメ
インとして定義することもあります．さらに，広義のドメインとして，ある
言語で書かれている文書すべてをドメインとすることもできます．これは，
英語のレビューから学習させた評判分類器を日本語のレビューに関して適用
する多言語間のドメイン適応の場合が想定されます．本節では具体例として
商品カテゴリーをドメインとして定義し，商品カテゴリー間で評判分類器の
ドメイン適応を行うための手法を解説します．学習に使う商品カテゴリーを
元ドメイン (source domain) といい，そこから学習した評判分類器が適用さ
れる商品カテゴリーを**適用先ドメイン** (target domain) と呼びます．元ドメ
インと適用先ドメインが近ければ近いほど，ドメイン適応が成功しやすいこ
とが理論的に証明されています [3]．ドメイン間の近さを評価する方法につ
いては 3.11.4 節で説明します．

　ドメイン適応手法は，適用先ドメインに関してラベル付きデータが存在す
るかしないかで，それぞれ教師ありドメイン適応と教師なしドメイン適応
に分けられます．例えば，元ドメインに関するラベル付きデータ，元ドメイ
ンに関するラベルなしデータと適用先ドメインに関するラベルなしデータ
しか存在しない場合，ドメイン適応を行う手法は**教師なしドメイン適応手法**
(unsupervised domain adaptation method) と呼ばれています．

　一方，上記のデータのほか，適用先ドメインに関しては少数のラベル付き
データが存在する場合のドメイン適応手法は**教師ありドメイン適応手法** (su-
pervised domain adaptation method) と呼ばれています．機械学習データ

ラベル付きデータとラベルなしデータ両方を使って学習する手法は一般的に
半教師あり学習手法 (semi-supervised learning method) と呼ばれており，
その意味では教師ありドメイン適応手法と教師なしドメイン適応手法はいず
れも半教師あり学習手法であることに注意してください．教師ありドメイン
適応手法に比べ，教師なしドメイン適応手法では適用先ドメインに関するラ
ベル付きデータを必要としないため，教師なしドメイン適応手法の方が応用
範囲が広くなります．次に，教師なしドメイン適応の代表的な手法である構
造対応学習について，次節で詳しく説明します．

3.11 構造対応学習

　本節ではある元ドメイン S から別の適用先ドメイン T へ教師なしドメイ
ン適応を行う手法として**構造対応学習** (structural correspondence learn-
ing)[5,6] を紹介します．まず，ドメイン適応をせずに S から学習したモデル
をそのまま T に対して適用した場合の状況を考えましょう．S と T で評判
対象としている商品が異なるため，S で良い評判を表す素性が必ずしも T で
も良い評判を表すとは限らず，同様に，S で悪い評判を表す素性が必ずしも
T でも悪い評判を表すとは限りません．
　例えば，元ドメイン S として本に関するレビューを使い，適用先ドメイン
T として台所用品に関するレビューを使う場合を考えましょう．本に関して
は「面白い本」という表現を使って良い評判を表すことがありますが，「面白
いナイフ」という表現を使って台所用品に関する良い評判を表すことは珍し
いです．一方，「良く切れるナイフ」という表現を使って台所用品に関する良
い評判を表すことが多いですが，「良く切れる本」という表現は使いません．
したがって，本に関するレビューから学習させた評判分類器を台所用品に関
するレビューに対して適用しても，その中に出現している素性と評判分類器
が重みを学習している素性が異なるため，台所用品に関する評判を正しく分
類できません．この「元ドメインと適用先ドメインで出現している素性の違
い」がドメイン適応の際の最大な課題といっても過言ではありません．した
がって，何らかの方法で元ドメインと適用先ドメイン間の素性の違いを吸収
させなければ，良いドメイン適応ができません．

3.11.1 ピボット選択

　元ドメインと適用先ドメイン間で出現している素性が異なることがドメイン適応の最大の課題です．したがって，構造対応学習では，まず，元ドメインと適用先ドメイン両方で出現する素性を使って，これらのドメイン間の違いを吸収することを目的とします．そのためにはまず，元ドメインと適用先ドメイン両方において高頻度で出現している素性を選択することが考えられます．このような両ドメインで高頻度で出現している素性は構造対応学習ではピボット (pivot) と呼ばれています．しかし，この条件だけでは評判分類のドメイン適応に適したピボットが見つかりません．両ドメインで高出現頻度をもっていても，特に評判を表していない「値段」，「重さ」，「色」など商品の属性を表す単語が多く存在します．そのため，評判分類のドメイン適応に必要なピボットは

1. 元ドメインと適用先ドメイン両方で高出現頻度をもっている
2. 評判情報を表している

素性でなければなりません．

　例えば，「値段が安い」という表現は本に関しても台所用品に関しても大抵良い評判を表しているので，ピボットとして使うことができます．一方，先ほどの例の「良く切れる」という表現は台所用品では良い評判を表すために使われますが，本に関しては使われないのでピボットとしてふさわしくありません．構造対応学習に必要なピボットはすべての素性からなる集合の部分集合であるため，ピボット選択の問題は 3.3 節ですでに説明した素性選択問題として見ることができます．構造対応学習におけるピボットを選択するための手法がいくつか提案されており，その中で最も広く使われているのは，3.3 節で説明した**点相互情報量 (pmi) を用いた素性選択手法**です．

　点相互情報量を使ってピボットを選択するためには，まず，元ドメインと適用先ドメイン両方に出現する素性 f_i に関して，f_i が元ドメインで正例としてラベル付けされた（良い評判を表す）レビュー中に出現した回数 $h(f_i, 1)$ と，元ドメインで負例としてラベル付けされた（悪い評判を表す）レビュー中に出現した回数 $h(f_i, -1)$ を求めます．次に，式 (3.5) と式 (3.6) を用いて，

それぞれ，$\mathrm{pmi}(f_i, 1)$ と $\mathrm{pmi}(f_i, -1)$ を計算します．最終的に素性 f_i を素性 f_i と正例の間の点相互情報量 $\mathrm{pmi}(f_i, 1)$ と，素性 f_i と負例の間の点相互情報量 $\mathrm{pmi}(f_i, -1)$ のうち，小さい値 $\min(\mathrm{pmi}(f_i, 1), \mathrm{pmi}(f_i, -1))$ でソートし，正例と負例両方と高い点相互情報量で繋がっている上位の素性をピボットとして選択します．

このピボット選択手法をより詳しく見てみましょう．ある素性と正例または負例の間の点相互情報量は，その素性と正例または負例との関係の強さを表しています．したがって，ある素性が正例と負例両方に対して強く繋がっていれば，それぞれの点相互情報量が高くなります．上記で説明した $\min(\mathrm{pmi}(f_i, 1), \mathrm{pmi}(f_i, -1))$ は素性 f_i がピボットとしてどれくらい適しているかを評価するために，f_i が正例と負例両方と高い点相互情報量で繋がっていなければならないという制約を与えています．このことを理解するために，$\min(\mathrm{pmi}(f_i, 1), \mathrm{pmi}(f_i, -1))$ の降順にソートして上位 k 個の素性をピボットとして選んだとしましょう．さらに，k 番目に選択したピボット f_k で，$\theta = \min(\mathrm{pmi}(f_k, 1), \mathrm{pmi}(f_k, -1))$ としましょう．ソートしたことによって，$i = 1, 2, \ldots, (k-1)$ に対し，$\min(\mathrm{pmi}(f_k, 1), \mathrm{pmi}(f_k, -1)) > \theta$ が成り立ちます．つまり，選択したピボット $f_1, f_2, \ldots, f_k$ は θ 以上に正例または負例，どちらかの評判に繋がっていることになります．

このピボット選択手法ではまず，元ドメインと適用先ドメイン両方で出現している素性を選択する必要がありますが，その際に，適用先ドメインでは，ラベル付けされたレビューが必要ありません．一方，その過程で両ドメインで共通に出現する素性を選択した後，点相互情報量を計算するため，元ドメインでのラベル付きのレビューしか使っていません．したがって，正確には元ドメインで出現する評判ラベルしか見ていないということになります．元ドメインで良いまたは悪い評判を表す素性は必ずしも適用先ドメインで同じような評判を表しているという保証がありませんが，教師なしドメイン適応法では適用先ドメインに関してラベル付けされたレビューが存在しないという仮定の元でドメイン適応を行わなければならないため，ピボット選択の際に元ドメインでラベル付けられたレビュー以外は使えません．構造対応学習のピボットは元ドメインと適用先ドメインを繋ぐ役割をもっており，元ドメインで評判を表す素性の一部が，適用先ドメインでも何らかの評判を表していると仮定しています．

点相互情報量を用いたピボット選択手法は，3.3 節で説明した素性選択手法と同じように点相互情報量を計算していますが，計算した点相互情報量の値を元にピボットを選択するやり方は，素性選択のそれと異なる点に注意してください．識別分類のために素性選択を行う場合は，正例または負例のどちらか一方に対して偏って出現している素性を選択する必要があります．それは識別分類のために素性選択を行う場合，正例と負例両方に対して同様に出現している素性を選択してもその識別能力が低いからです．一方，構造対応学習のピボット選択を行う場合は，正例と負例両方と強く繋がっている評判情報を表す素性を選択する必要があります．

3.11.2　ピボット予測

　上記の方法でピボットを選択した後，構造対応学習では各ピボットの出現を予測する分類器を学習します．ピボットはその定義より，両ドメインに出現している素性なので，片方のドメインでしか出現していない素性をピボットを使って表すことができれば，ドメイン適応を行う際に元ドメインに出現している特徴が適用先ドメインで出現しないという根本的な問題を解決することができます．あるピボット f_i があるレビュー x 中に出現しているかどうかを予測する二値分類問題を考えましょう．このため，f_i が実際に出現しているレビューを選択し，その中から f_i を削除することによって f_i の出現に関する正例を人工的に作成します．一方，f_i の出現に関する負例として最初から f_i が出現していなかったレビューをランダムに選択します．

　ここで「正例」と「負例」として呼んでいるのは，良い評判あるいは悪い評判を表すレビューとしての正例と負例とは異なるものであることに注意してください．例えば，良い評判を表しているレビュー中にも f_i が出現しているかも知れませんし，悪い評判を表しているレビュー中にも f_i が出現しているかもしれません．そのため，f_i の出現に関して上記の方法で選択された正例の中では良い評判を表すレビューだけではなく，悪い評判を表すレビューも存在します．

　さらに，正例と負例を選択する場合，ラベル付きレビューが必要ではない点に注意してください．つまり，f_i が出現しているレビューかそうでないかさえ分かれば十分であり，そのレビューのラベル情報が必要ではありません．したがって，f_i の出現に関する分類器を学習するためにラベル付きレビュー

だけではなく，ラベルなしのレビューも含めて，より多くのレビュー数が使えます．f_i の出現に関する正例に比べ，その負例はより大きな集合（f_i が出現していないレビュー）からランダムに選択しているため，正例の質と比べ，負例の質は必ずしも良くありません．例えば，負例として f_i に何ら関係もないレビューが選択される可能性があり，自明な負例である可能性が高くなります．したがって，構造対応学習でピボットの出現に関する分類器を学習する場合，正例数に比べ，より多くの負例数を選択すると良いことになります．通常，正例数の 2 倍くらいの負例数を選択すると良いことが経験的に知られています．

さて，上記の方法でピボットの出現に関する正例と負例を選択した後，3.6 節で説明したロジスティック回帰を使って，あるピボット f_i が与えられたレビュー x 中に出現するかどうかを予測する二値分類器を学習できます．構造対応学習では，線形分類器であればロジスティック回帰以外のほかの二値分類器学習アルゴリズムを使うこともできます．より具体的に説明するため，d 個の素性が存在しており，そのうち k 個をピボットとして選択したとします．そうすると，それらの k 個のピボットを予測するために，k 個の二値分類器を学習でき，それぞれを d 次元の重みベクトル $\boldsymbol{w}_i \in \mathbb{R}^d$ で表現できます．これらの重みベクトルを列ベクトルとして並べて重み行列 $\mathbf{W} \in \mathbb{R}^{d \times k}$ を作成します．この重み行列の転置行列 $\mathbf{W}^{\top}$ をあるレビュー x を表す素性ベクトル $\boldsymbol{x}$ に左からかけることで，それぞれのピボットが x 中に出現するかどうかを予測しているピボット予測ベクトル $\mathbf{W}^{\top} \boldsymbol{x}$ を計算できます．得られるピボット予測ベクトルは k 次元のベクトルであり，各次元で何らかのピボットがそのレビュー中にどれくらい現れやすいかを表現していると解釈できます．

3.11.3　適用先ドメインの評判分類

ある素性 f_i が与えられたレビュー中で出現するかどうかを予測する際に，ほかの多くの素性は関係しないため，$\mathbf{W}$ は一般的にゼロを多く含んでいる疎行列であることが多くなります．しかし，素性値がゼロである事例からは正確な分類器を学習することは困難です．そのような場合，$\mathbf{W}$ を使って k 次元空間に射影するのではなく，より小さな $l < k$ 次元の空間に射影することでより密な予測ベクトルを得ることができます．構造対応学習ではこの

ため，**特異値分解** (singular value decomposition, SVD) が用いられています（付録 **A**.4 を参照してください）．まず，特異値分解を使って，重み行列 $\mathbf{W} = \mathbf{UDV}^\top$ として 3 つの行列の積として因数分解します．ここでは，$\mathbf{U} \in \mathbb{R}^{d \times d}$ と $\mathbf{V} \in \mathbb{R}^{k \times k}$ の直交行列で，$\mathbf{D} \in \mathbb{R}^{d \times k}$ は $\mathbf{W}$ の特異値を対角要素としてもつ対角行列です．直交行列 $\mathbf{U}$, $\mathbf{V}$ に関して $\mathbf{UU}^\top = \mathbf{I}_d$ と $\mathbf{VV}^\top = \mathbf{I}_k$ が成り立ちます．ここで，$\mathbf{I}_p \in \mathbb{R}^{p \times p}$ は単位行列です．

特異値分解は任意の行列に対して行うことのできる分解です．特異値分解をして得られる直交行列 $\mathbf{U}$ と $\mathbf{V}$ は，それぞれ $\mathbf{W}$ の特異値に関する左特異ベクトルと右特異ベクトルが列として並べられている行列です．$\mathbf{W}$ の特異値の降順に，特異値を l 個選んで作った対角行列を $\mathbf{D}_l$ で表します．なお，その l 個の特異値に対して左特異ベクトルを選んで作った行列を $\mathbf{U}_l$ で，同様に l 個の特異値に対して右特異ベクトルを選んで作った行列を $\mathbf{V}_l$ とすると，$\mathbf{W}_l = \mathbf{U}_l \mathbf{D}_l \mathbf{V}_l^\top$ で与えられる行列 $\mathbf{W}_l$ は行列ランクが l である行列の中で $\mathbf{W}$ を最も良く近似する行列となります．ここで「最も良く近似する」というのは，ほかのどのランク l の行列よりも $\mathbf{W}$ と $\mathbf{W}_l$ 間の二乗誤差 $||\mathbf{W} - \mathbf{W}_l||_2^2$ を最小化する行列になっているということです．つまり，与えられた行列を特異値分解して，その最も大きい l 個の特異値とそれらの特異値に関する左特異ベクトルと右特異ベクトルを選ぶことで，低次元空間で元の行列を近似する行列を作ることができます．

構造対応学習では，$\mathbf{W}$ を特異値分解して得られる左特異ベクトル $\mathbf{U}$ の最初の l 個の左特異ベクトルを選び，それらを行として並べた行列 $\mathbf{E} = \mathbf{U}_{[1:l,:]}^\top$ を射影行列として用います．ここで，$[1:l,:]$ は $\mathbf{U}^\top$ から最初の l 個の行を選択する演算を表しています．この射影行列 $\mathbf{E}$ を用いて，まず元ドメインのラベル付きレビューを表す素性ベクトル $\boldsymbol{x}_m$ を $\mathbf{E}\boldsymbol{x}_m$ として l 次元空間に射影します．次に，この射影して得られる l 個の素性を元の d 次元の素性ベクトルに追加することで，$(d+l)$ 次元の素性ベクトル $\begin{bmatrix} \boldsymbol{x}_m \\ \mathbf{E}\boldsymbol{x}_m \end{bmatrix}$ を作成します．

本来ならば l 次元空間に射影して得られる l 個の素性のみから評判分類器を学習すべきですが，それに元の素性を追加することで，低次元空間に射影することによって失われた情報を補う効果があります．したがって，実用的には $\boldsymbol{x}_m$ を $\mathbf{E}\boldsymbol{x}_m$ に追加することで評判分類器の精度が上がることが知られています．こうしてすべての学習用の元ドメインのラベル付きレビューを射

影することで得られる新たな学習データセット $\left\{ \left(\begin{bmatrix} \boldsymbol{x}_m \\ \mathbf{E}\boldsymbol{x}_m \end{bmatrix}, y_m \right) \right\}_{m=1}^{M}$ を使って，ロジスティック回帰学習により，評判分類器を学習します．最終的に学習させた評判分類器を使って適用先ドメインのレビュー x^* に関する評判分類を行う際に，学習時と同様に，$\mathbf{E}x^*$ を計算します．次に射影して得られる l 次元の素性を $\boldsymbol{x}^*$ に追加し，ベクトル $\begin{bmatrix} \boldsymbol{x}^* \\ \mathbf{E}\boldsymbol{x}^* \end{bmatrix}$ を作成し，元ドメインのラベル付き学習データから学習させたモデルを使って評判ラベルを予測します．**アルゴリズム 3.2** に構造対応学習の各ステップをまとめます．

アルゴリズム 3.2 構造対応学習による評判分類のドメイン適応手法

入力: 元ドメインのラベル付き学習データ $\{(\boldsymbol{x}_m, y_m)\}_{m=1}^{M}$, 両ドメインのラベルなし学習データ $\{\boldsymbol{x}_j\}$, ピボット数 k, 特異値分解の次元 l.

出力: 評判分類器 Γ.

1: 両ドメインのラベルなし学習データを使って, 両方のドメインで出現する素性を選択します. 次に, 元ドメインのラベル付き学習データを使って, その中からピボットを選択します.

2: 各ピボットについて, その出現の有無を予測する二値分類器をロジスティック回帰によって学習します.

3: 学習したピボット予測器の重みベクトルを列ベクトルとして並べられた重み行列 $\mathbf{W}$ を作成します.

4: $\mathbf{W} = \mathbf{U}\mathbf{D}\mathbf{V}^{\top}$ として $\mathbf{W}$ を特異値分解する.

5: $\mathbf{E} = \mathbf{U}_{[1:l,:]}^{\top}$ として $\mathbf{U}$ の最初の左特異ベクトルを l 個選択し, 射影行列 $\mathbf{E}$ を作成します.

6: ロジスティック回帰を使って, $\left\{ \left(\begin{bmatrix} \boldsymbol{x}_m \\ \mathbf{E}\boldsymbol{x}_m \end{bmatrix}, y_m \right) \right\}_{m=1}^{M}$ から評判分類器 Γ を学習します.

7: **return** 学習した評判分類器 Γ.

3.11.4 ドメイン適応に適したドメインの選び方

3.10 節では適用先ドメインに関してラベル付きデータが存在しない場合でも, 元ドメインから学習させた評判分類器をドメイン適応手法を使って適応させて使えると説明しました. しかし, 実際にドメイン適応をする際には気をつけなれければならない点がいくつかあります.

まず, ある元ドメイン S からある適用先ドメイン T へ分野適応を行う場合, S が T とある程度似ている必要があります. S と T はあまり似ていない場合, ドメイン適応を行わず S から学習させたモデルを T で使った場合の精

80   **Chapter 3**　評判分類の学習

度よりも，S から T にドメイン適応を行った場合の精度の方が低くなること
があります．この現象は**負転移** (negative transfer) と呼ばれています [47]．
ある特定の適用先ドメイン T へドメイン適応を行いたいときに，複数の元ド
メインが存在する場合，どの元ドメインが最も適しているかを判断すること
が重要です．

　どのように元ドメインと適用先ドメイン間の類似度を計測するかについて
は，さまざまな手法が提案されています [3]．適用先ドメインと似ているドメ
インを探す際には，どのようにドメイン間の類似度を計測するかが重要な問
題です．1 つの手法としてそれぞれのドメインに属する文書（評判分析の場
合はある商品に関するレビュー）を集め，それをそのドメインに関するテキ
ストコーパスと見なし，コーパス同士の類似度を計測することが提案されて
います．そのためには，まずそれぞれのドメインに対するコーパス中で単語
の出現頻度を計測し，単語の出現分布を作成します．次に，2 つのドメイン
に対する単語の出現分布同士の近さを**相対エントロピー** (relative entropy)
を使って計算します．相対エントロピーは別名で**カルバック・ライブラー・
ダイバージェンス** (Kullback-Liebler (KL) divergence，KL ダイバージェ
ンス) とも呼ばれています．単語の集合を $\mathcal{V} = \{x_1, x_2, \ldots, x_n\}$，それぞれの
ドメインで単語の出現確率分布を p, q とすると，それらの間の KL ダイバー
ジェンス $\mathrm{KL}(p||q)$ は次のように計算できます．

$$\mathrm{KL}(p||q) = \sum_{i=1}^{n} p(x_i) \log \left(\frac{p(x_i)}{q(x_i)} \right) \tag{3.47}$$

　KL ダイバージェンスは非対称であり，分布 p から見た分布 q の $\mathrm{KL}(q||p)$
と分布 q から見た分布 p の $\mathrm{KL}(p||q)$ は一般的には等しくなりません．なお，
ある単語 x_i に関して $p(x_i) \to 0$ であれば，式 (3.47) の $p(x_i) \log \left(\frac{p(x_i)}{q(x_i)} \right) \to 0$
となります．これは $x \log(x)$ を考えると x がゼロに近づく場合，$\log(x)$ が負
の無限大に近づく速度よりも速く，x がゼロに近づくと理解できます．一方，
$q(x_i) \to 0$ となると式 (3.47) の和が無限大に発散するという問題がありま
す．そのため，$q(x_i)$ の代わりに $p(x_i)$ と $q(x_i)$ の平均 $(p(x_i)+q(x_i))/2$ を使う
場合や，事前に確率がゼロとなる場合はある値を入れるなどの工夫がなされ
ています．前者は**ジェンセン・シャノン・ダイバージェンス** (Jensen-Shanon
(JS) divergence) と呼ばれています．後者の手法は**平滑化** (smoothing) と呼

ばれています. 平滑化の手法として**ラプラス平滑化** (Laplace smoothing) が
あります. ラプラス平滑化ではすべての単語の出現頻度に対し, ある一定値
$\alpha > 0$ が足されます. 具体的には, 単語 x_i の出現頻度を $h(x_i)$ とすると, ラ
プラス平滑化を行った場合, x_i の出現確率 $q(x_i)$ は次で与えられます.

$$q(x_i) = \frac{h(x_i) + \alpha}{|\mathcal{V}|\alpha + N} \tag{3.48}$$

ここで, $|\mathcal{V}|$ はコーパス中に出現する異なる単語数（語彙集合の大きさ）で
す. このとき, N は単語の総出現頻度であり, $N = \sum_{i=1}^{n} h(x_i)$ となります.
実際には $\alpha = 1$ とすることが多いです.

また, 複数の元ドメインが存在する場合, その中から1つを選択し, ドメ
イン適応を行うのではなく, すべての元ドメインを使ってドメイン適応を行
う手法も提案されています [8, 23]. 複数の元ドメインがある場合であっても
すべての学習事例を使ってドメイン適応を行うのではなく, その中からドメ
イン適応に相応しい学習事例のみを事前に選択し, それらを使ってドメイン
適応を行うこともできます. 実際にウェブデータを使って何らかの学習を行
う際にどの手法を使うかは, 元ドメインの数, ラベル付き学習事例数, ラベ
ルなし学習事例数などさまざまな要因に依存します.

3.12 まとめ

本章では文書（レビュー）に関する評判分類学習を解説しました. 文書単
位の評判分類は文書分類問題の特殊な問題として見ることができます. した
がって, 本章で説明した文書を表す素性の作り方, 点相互情報量を使った素
性選択の仕方, 素性の値の決め方, ロジスティック回帰を用いた分類器学習,
分類器の性能の評価尺度などは評判分類器学習だけではなく, より一般的な
文書分類器学習を行う際にも使える技術です. 例えば, スパムメール判定,
ニュース記事の分類などさまざまな場面で文書分類を行う必要が生じるの
で, 本章で紹介した技術が役立つはずです.

本章では主に文書単位での評判分類器学習を解説しましたが, 文書よりも
短い, 一文単位の評判分類学習手法も提案されています. 文書に比べ, 一文
に含まれる情報が少なく, 否定表現, 仮定表現, 疑問文など評判に関わるさ

まざまな現象を正しく扱わなければなりません．本章で説明した単語のユ
ニグラムやバイグラムといった表層的な語彙素性だけでは，このような現象
を上手く表現することが難しいため，文の係り受け解析を行い，係り受け関
係に基づく素性などを使って文を表現するやり方が提案されています．さら
に，深層学習[67]を用いて評判情報を最も良く表す表現方法を学習するやり
方も提案されています．これらの発展的な手法に関して興味のある読者は文
献[53,55,61]を参照してください．

Chapter 4

意味表現の学習

単語をはじめ，ウェブデータに含まれるエンティティ（人物，組織，商品など固有名詞が付くもの）を計算機を使って処理するためには，その処理対象の概念を何らかの方法で表現しなければなりません．計算機が意味処理できるように概念の意味をどのように表現するかが人工知能における重要な課題の1つです．本章では具体例として単語の意味表現を，機械学習を使ってどのようにウェブデータから学習できるかを解説します．

4.1 意味表現

　ウェブは膨大な知識源であり，単語の使い方，新語などを豊富に含んでいます．我々は日常的に検索エンジンを使って，知らない情報をウェブで調べています．この知らない概念の意味をウェブで調べるプロセスを機械学習を使って真似できれば，ウェブ上で大量に存在するテキスト情報を使って単語の意味を自動的に抽出することができます．自然言語処理分野ではテキストの集まりは**コーパス** (corpus) と呼ばれています．コーパス中に現れている単語の集合は**語彙集合** (vocabulary) と呼ばれています．単語は言語の意味をもつ最小の単位として見ることができ，単語の意味さえ分かればそこから句，文，文書などより複雑な構造の意味を構築できるようになります．したがって，大量のテキストから単語の意味をどう学習するかが重要な問題です．

　さて，単語の意味をどう学習できるかを説明する前に，単語がもつ意味と

84   **Chapter 4** 意味表現の学習

は何かを考えてみましょう．我々は単語を聞いてその単語と関連が強い概念
を思い浮かべます．例えば，「リンゴ」という単語を聞いたとき，「赤い」，「甘
い」，「美味しい」などさまざまな概念を思い浮かべる人がいるでしょう．ど
ういう概念を思い浮かべるかというのは，その人物がそれまでにリンゴとど
のように接し，どのような経験をしているかによります．しかし，「赤い」，
「甘い」，「美味しい」といった素性は，「リンゴ」という単語がもつ意味を正
しく表すと我々は暗黙的に理解しています．本章で説明する単語の意味表現
は上記のリンゴの例で説明した通り，「単語を表す素性」として定義します．
そうすると，単語の代わりにその単語の意味表現を使って類似検索，評判分
析などさまざまな意味処理が必要とされるタスクを高精度で行うことができ
ます．なお，「単語の意味表現を学習する」という行為は「単語を表す素性を
見つける」という行為と等しくなります．本章では単語の意味を上記のよう
に定義し，ウェブから集められた大量のテキストから単語の意味表現を学習
する方法を解説します．

4.2 分布的意味表現

　単語の意味に関する1つの考え方として，「単語の意味はその周辺で出現
している単語で決まる」という有名な言語学者 John Rupert Firth が提唱
した**分布仮説** (distributional hypothesis) があります [22]．分布仮説を具体
例を使って説明しましょう．例えば，「iPhone」という商品をまったく知ら
ない人に対して，「iPhone」の説明がしたいとしましょう．「iPhone」は携帯
電話であり，それを使って会話ができ，メールの送受信が可能で，ネットが
見られ，さまざまなアプリを動かすこともでき，Apple が販売しているもの
という説明ができます．これは「iPhone」を説明するために，「iPhone」と
関連性の高い「携帯電話」，「会話」，「メール」，「送受信」，「ネット」，「アプ
リ」，「Apple」といったさまざまな単語を使っているに過ぎません．つまり，
「iPhone」を定義するために「iPhone」と一緒に良く使われる周辺単語を使っ
ています．これが分布仮説でいう「単語の意味はその周辺で出現している単
語で決まる」ということです．

　分布仮説は大量のテキストコーパスから単語の意味表現を構築するため
の方法を与えてくれます．分布仮説に基づいて作成される単語の意味表現を

分布的意味表現 (distributional representation) と呼びます．例えば，ある
コーパス中に「リンゴ」という単語が次の 2 つの文中に出現していたとしま
しょう．

1. 赤く \ て \ 大きい \ リンゴ \ が \ 好き \ です．
2. リンゴ \ の \ 生産地 \ として \ 青森県 \ が \ 有名 \ です．

さらに，この 2 つの文は \ を使って表されている形態素にすでに形態素
解析されていると仮定しましょう．言語で意味をもつ最小の単位は**形態素**
(morpheme) であり，与えられた文にどのような形態素が含まれているかを
分析する作業を**形態素解析** (morphological analysis) と呼びます．

さて，上記の 2 つの文から「リンゴ」という単語の意味表現を分布仮説
に従って求めましょう．このように意味を表現したい単語を**対象語** (target
words) と定義します．上記の例では対象語を赤で示し，その周辺で出現して
いる単語を青で示しています．特に意味をもたない，文法的な機能のみをも
つ「が」，「です」，「の」，「て」，「として」など助詞や接続詞は不要語として無
視します．ある単語 x の周辺で現れる単語を x の**文脈語** (context word) と
して定義します．第 1 文から「リンゴ」という対象語に対して，「赤く」，「大
きい」，「好き」という文脈語が抽出できます．一方，第 2 文から「リンゴ」
という対象語に対して，「生産地」，「青森」「有名」という文脈語が抽出でき
ます．したがって，「リンゴ」という対象語の意味表現として

$$[(赤く：1),(大きい：1),(好き：1),(生産地：1),(青森：1),(有名：1)]$$

というベクトルを作成できます．このベクトルでは「リンゴ」と一緒にコー
パス中で出現する文脈語が各次元に対応しており，どの文脈語が何個の異
なる文中で一緒に現れたかという情報を，その単語に対する次元の値として
もっています．ある単語 x_i が別の単語 x_j と何らかの文脈で一緒に現れてい
れば，x_i と x_j が**共起** (co-occur) していると定義します．何回 x_i と x_j が
共起しているかという回数を**共起頻度** (co-occurrence frequency) と定義し
ます．共起頻度を値とする上記の例で示したようなベクトルのことを**共起ベ
クトル** (co-occurrence vector) として定義します．共起を見ることで単語同

86　**Chapter 4**　意味表現の学習

士の関係を調べるというのは，自然言語処理のあらゆるタスクで広く用いられる手法なので，これらの概念を正しく理解し，用語を覚えておくと良いでしょう．

　このようにコーパス全体で「リンゴ」と共起している文脈語を使って，「リンゴ」の意味を表す1つの共起ベクトルを作成できます．この共起ベクトルの要素の値の総和を計算し，その値で各要素の値を割ることで，「リンゴ」と共起する文脈語の分布を計算できます．こうして得られる分布は分布仮説による意味表現です．どちらか一方の単語が高頻度の単語であれば，2つの単語の間の共起頻度も大きくなる可能性があるので，2つの単語間の関連性を表す指標として共起頻度は適しません．しかし，それぞれの単語の単独出現頻度を使って共起頻度を正規化することで，より正確な関連性の指標にできます．そのような単語間の関連性を表す指標として，3.3節で説明した点相互情報量を使うことができます．

　上記で説明した通り分布仮説を使って与えられたコーパスから任意の単語の意味表現を構築することができます．そのように構築される意味表現ベクトルはコーパス中のすべての文脈語を次元として含んでいるので，たいてい高次元のものとなります．例えば，英語のテキストコーパスであれば10万次元以上の文脈語をもつ意味表現が生成されます．しかし，ある特定の単語はごく一部の文脈語としか共起しないので，分布仮説によって構築される意味表現ベクトルはゼロを共起頻度として含むことがほとんどであり，疎ベクトルとなります．したがって，分布仮説による意味表現を保存する際に，疎ベクトルとして保存すると省メモリとなります．

　ところで，こうして学習した意味表現を素性として使って，別の自然言語処理のタスク（例えば評判分類）を行う際は，そこから計算される素性ベクトルが疎なものとなります．これは**素性スパース問題** (feature sparseness problem) と呼ばれています．素性スパース問題が起きると学習事例を正しく表現することができず，疎な素性ベクトルからは高精度の評判分類器を学習することができません．さらに，テスト事例も疎な素性ベクトルで表すことになるので，学習済みのモデルとテスト事例を表す素性ベクトル同士の重なりが少なくなり，分類精度が落ちます．

　分布仮説に従って構築される，この高次元かつ疎な意味表現を低次元かつ密な意味表現に変換する方法として**特異値分解**があります．特異値分解につ

いては，すでに構造対応学習でピボット予測分類器ベクトルを低次元へ射影する手法として紹介しました（3.11.3 節）．特異値分解は任意の行列に対して行うことができる演算であり，行あるいは列の数を減らし，低次元で密な行列を作成するために使えます．分布仮説に基づいて作成された共起行列は高次元かつ疎な行列になることが多いですが，特異値分解を使ってその行列の**低ランク近似行列**を求めることで，低次元かつ密の行列を作成できます．この手法を具体例を使って説明します．

分布仮説に基づいて作成された共起行列を $\mathbf{X} \in \mathbb{R}^{n \times m}$ とします．ここで，n 個の異なる対象語に関する意味表現を m 次元のベクトルで表しており，m 個の異なる文脈語を選んでいます．語彙集合中のどの単語も対象語としても文脈語としても使うことができますが，文脈語として語彙集合中の一部の単語のみを選択することもできます．例えば，出現頻度が高い単語のみを文脈語とすることで共起行列 $\mathbf{X}$ の列の数を限定し，より密にすることができます．この方法の欠点として，それぞれの対象語が異なる文脈語としか共起しない場合，コーパス全体での出現頻度が高い単語のみを文脈語として選ぶと一部の対象語が表現できないという問題があります．したがって，メモリ上の制約が特になければできる限り多くの文脈語を使って共起行列を作成すると良いでしょう．

次に，特異値分解をし，共起行列を $\mathbf{X} = \mathbf{U}\mathbf{D}\mathbf{V}^\top$ として，対角行列 $\mathbf{D} \in \mathbb{R}^{n \times m}$ と直交行列 $\mathbf{U} \in \mathbb{R}^{n \times n}$，$\mathbf{V} \in \mathbb{R}^{m \times m}$ の 3 つの行列に分解します．$\mathbf{X}$ のランクが $r(\leq \min(n, m))$ だとすると，$k \leq r$ となる整数 k に対し，$\mathbf{X}$ の最大な特異値 k 個に対する左特異ベクトルを並べた行列 $\mathbf{U}_k$，それらの特異値に関する右特異ベクトルを並べた行列 $\mathbf{V}_k$ と，それらの特異値を対角要素とする対角行列 $\mathbf{D}_k$ を使って，$\mathbf{X}$ のランク k 近似 $\mathbf{X}_k$ を次のように計算します．

$$\mathbf{X}_k = \mathbf{U}_k \mathbf{D}_k \mathbf{V}_k^\top \tag{4.1}$$

特異値分解の詳細に関しては，付録 A.4 を参照してください．

$\mathbf{X}_k$ の i 番目の行は元の共起行列 $\mathbf{X}$ の i 番目の行で表していた対象語に対応します．したがって，$\mathbf{X}_k$ の各行は $\mathbf{X}$ の各行で表していた対象語の意味表現ベクトルを表しています．式 (4.1) で計算される $\mathbf{X}_k \in \mathbb{R}^{n \times m}$ は，元の共起行列 $\mathbf{X} \in \mathbb{R}^{n \times m}$ と同じ数の行と列をもつことに注意してください．した

がって，$\mathbf{X}_k$ は低次元で対象語を表しているのではなく，$\mathbf{X}$ 同様に m 次元空間で対象語を表しています．したがって，式 (4.1) の手法では低次元の意味表現を作ることができません．しかし，こうして計算される $\mathbf{X}_k$ は $\mathbf{X}$ に比べ，ゼロの要素が少なく，密の行列になっていることが多くなります [56]．したがって，式 (4.1) の手法は高次元かつ密な意味表現がほしい場合に有効な手法です．

　ところで，実際に $\mathbf{X}_k$ を計算すると，$\mathbf{X}$ の要素がすべて正であっても，$\mathbf{X}_k$ の値の半分以上が負になることがあります．負の値を含まないように $\mathbf{X}$ を分解したい場合は，**非負行列分解** (non-negative matrix factorization) を使うことをおすすめします．非負行列分解に関して興味のある読者は文献 [35] を参照してください．

　$\mathbf{X}$ の特異値分解から低次元かつ密の意味表現を作るには，次で与えられる $\mathbf{Z}_{(k,p)} \in \mathbb{R}^{n \times k}$ を計算すれば良いでしょう．

$$\mathbf{Z}_{(k,p)} = \mathbf{U}_k \mathbf{D}_k^p \tag{4.2}$$

ここで，$\mathbf{D}_k^p$ は $\mathbf{X}$ の最大な特異値 k 個をそれぞれ p 乗したものを対角要素としてもつ対角行列です．式 (4.2) の $\mathbf{Z}_{(k,p)}$ は $\mathbf{X}$ と同じく n 個の行をもっており，その i 番目の行が $\mathbf{X}$ の i 番目の行の対象語に対応しています．ところで，$\mathbf{X}_k$ と異なり，$\mathbf{Z}_{(k,p)}$ には $k(\le m)$ 個の列しか存在しておらず，$\mathbf{X}$ や $\mathbf{X}_k$ に比べ，低次元の意味表現となっています．p の値を変更することによって特異値の影響を調整することができます．例えば，$p < 1$ とすれば 1 より小さい特異値が大きくなり，1 より大きい特異値が小さくなります．これは小さな特異値に関する左特異ベクトルを過剰評価する効果があります．一方，$p > 1$ とすれば 1 より小さい特異値が小さくなり，1 より大きい特異値が大きくなります．これは大きな特異値に関する左特異ベクトルを過剰に評価する効果があります．なお，$p = 0$ とすれば $\mathbf{X}$ の特異値が無視され，すべての左特異ベクトルが同じように重み付けされます．p はハイパーパラメータであり，その値は特異値分解を使って得られる対象語の意味表現を使って最終的に解きたいタスクに関して得られる精度が最大となるように，開発データあるいは交差検定を使って調整します．開発データを用いてハイパーパラメータを調整する手法は 60 ページで，交差検定を用いてハイパーパラメータを調整する手法は 62 ページでそれぞれ説明しています．

4.3 分散的意味表現

4.2 節では分布仮説に基づき，大量のテキストコーパスから単語の分布的意味表現を構築する方法を説明しました．さらに，分布的意味表現は一般的に高次元でスパースなものであることも説明しました．単語の意味表現を素性として使って評判分類など他のタスクを行う際には，高次元かつスパースな特徴が問題になります．この問題を解決するために，4.2 節では特異値分解などを使って分布的意味表現を低次元かつ密のものにする方法を紹介しました．しかし，最初から低次元かつ密な意味表現を学習すれば，このような問題が起きません．本節で説明する分散的意味表現は 4.2 節で説明した分布的意味表現と異なり，最初から低次元かつ密な意味表現を学習しています．分布的意味表現はコーパス全体を 1 回処理してそのベクトルの次元が決まるものでしたが，**分散的意味表現**ではまずすべての単語に対し，固定次元（例えば 10〜1000 次元）の意味表現ベクトルが割り当てられます．これらの意味表現ベクトルはランダムに初期化されます．次に，これらの意味表現ベクトルを使って何らかの予測タスクを解くことによって意味表現ベクトルを更新します．

分散的意味表現を表すベクトルの各次元をある実数値変数がもつ値として解釈することができます．例えば，図 **4.1** に示すように，すべての単語を 2 次元の分散的意味表現ベクトルを使って表したとします．そうすると，ある単語 x_i を $\boldsymbol{x}_i = (x_i^{(1)}, x_i^{(2)})$ という 2 次元ベクトルで表すことができます．ここで，i 番目の単語の分散的意味表現ベクトルの j 番目の次元を $x_i^{(j)}$ で表しています．仮に第 1 次元が「どれくらい良い評判を表す単語であるか」を表すとし，第 2 次元が「どれくらい悪い評判を表す単語であるか」を表しているとしましょう．そうすると，「良い評判」という軸を変更させるとすべての単語がその影響を受けることになります．同様に「悪い評判」という軸を変更させるとすべての単語がその影響を受けることになります．したがって，分散的意味表現では 1 つの単語が複数の軸から影響を受けていることになります．一方，分布的意味表現では，1 つの単語が同じ文脈中に一緒に共起している数個の単語からしか影響を受けていません．このように分散され

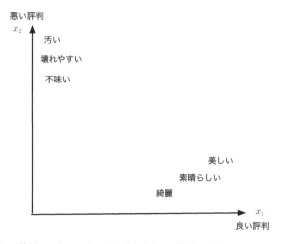

図 4.1 いくつかの単語に関する 2 次元的分散意味表現．横軸は「良い評判」に対応しており，縦軸は「悪い評判」に対応しています．どれか 1 つの軸を変更させると複数の単語がその影響を受けることになり，単語の意味は分散された複数の次元から影響を受けます．実際に分散的意味表現ではすべての次元がランダムに初期化され，どの次元がどの意味に対応しているかを把握するのが難しくなります．

たさまざまな変数から影響を受けているという理由で意味表現の学習において，「分散的意味表現」として名付けられています．

どのような予測タスクを使うかはそれぞれの意味表現学習手法によって多少異なりますが，ある文脈内で共起する単語を予測するタスクが広く使われています．このように文脈が与えられて次に出現する単語を予測するモデルは，自然言語処理の分野で**言語モデル** (language model) として知られています．言語モデルとは，与えられた単語列 $x_1, x_2, \ldots, x_n$ がある言語においてその出現順序がどれくらい尤もらしいかを評価するためのモデルです．ここでいう「尤もらしさ」は次のように定義できます．

$$p(x_1, x_2, \ldots, x_n) = p(x_1)p(x_2|x_1)p(x_3|x_1, x_2) \cdots p(x_n|x_{n-1}, \ldots, x_1)$$
(4.3)

ここで，$p(x_i|x_1, \ldots, x_{i-1})$ は $x_1, \ldots, x_{i-1}$ という単語列の次に x_i が出現する確率です．この確率をコーパス中で $x_1, \ldots, x_{i-1}$ という単語列が出現している回数 $\text{count}(x_1, \ldots, x_{i-1})$ と，$x_1, \ldots, x_{i-1}, x_i$ という単語列が出現して

いる回数 $\text{count}(x_1, \ldots, x_{i-1}, x_i)$ の割合として，次のように計算できます．

$$p(x_i|x_1, \ldots, x_{i-1}) = \frac{\text{count}(x_1, \ldots, x_{i-1})}{\text{count}(x_1, \ldots, x_{i-1}, x_i)} \quad (4.4)$$

しかし，単語列 $x_1, \ldots, x_{i-1}$ が長ければ長いほどコーパス中でその単語列の出現頻度は少なくなります．したがって，ある単語 x_i に対し，その単語列を直前に現れる数個の単語に限定することで式 (4.3) の確率を近似します．例えば，x_i の単語列としてその直前に現れる単語 x_{i-1} のみを選択すると，次のように計算できます．

$$p(x_1, x_2, \ldots, x_n) = p(x_1)p(x_2|x_1)p(x_3|x_2)\cdots p(x_n|x_{n-1}) \quad (4.5)$$

これは隣接する 2 個の単語のみを使って確率計算を行っている言語モデルであり，**バイグラム言語モデル** (bigram language model) と呼ばれています．例えば，図 **4.2** に示す例文に関してバイグラム言語モデルを使うと，その出現確率を次のように表すことができます．

$$p(\text{S}) = p(\text{私})p(\text{は} \mid \text{私})p(\text{ご飯} \mid \text{は})\cdots p(\text{食べた} \mid \text{を}) \quad (4.6)$$

正確な言語モデルを構築することは，音声認識，機械翻訳などさまざまなテキスト生成タスクにおいて重要です．機械翻訳では，ある言語（元言語）から別の言語（対象先言語）へ翻訳された文書が，対象先言語においてどれくらい自然なのかを評価するために，言語モデルが使われます．例えば，翻訳された結果が対象先言語では予測できない単語がほとんどであれば，その

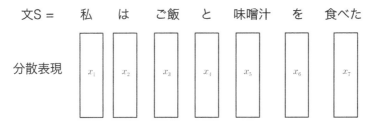

図 **4.2** 与えられた文中の単語とその単語に対する分散的意味表現ベクトル．各単語に対し，同じ次元のベクトルが割り当てられています．

翻訳の信頼性が低くなります．分散的意味表現構築の研究は言語モデル構築の研究から出発していますが，言語モデル構築と分散的意味表現の学習の問題設定が多少異なる部分もあります．

例えば，言語モデルを構築する場合は，ある単語列中に出現している単語を使って次に出現する単語を予測しなければなりませんが，単語の分散的意味表現を学習するのが目的であればこの制約を緩めることができ，ある単語 x_i を予測する際に x_i の前に現れる単語 $x_1, \ldots, x_{i-1}$ だけではなく，その後に現れる単語 $x_{i+1}, \ldots, x_n$ を使っても構いません．したがって，本章では言語モデルを構築するという観点ではなく，単語の意味表現を学習するという観点で分散的意味表現を解説します．

分散的意味表現学習の具体的な手法を説明する前に，分散的意味表現と分布的意味表現の表現能力について考えてみましょう．例えば n 個の異なる単語について，それぞれ d 次元の実ベクトルである分散的意味表現を学習したいとします．これは nd 個のパラメータをコーパスから学習する問題として見ることができます．つまり，これらの d 次元の n 個のベクトルをランダムに初期化し，その後，ある文脈中に出現する単語が正確に予測できるように nd 個の値を調整することで分散的意味表現の学習が行われます．例えば，図 4.2 の文では「ご飯」と一緒に「味噌汁」が現れていますが，一般的に「ケーキ」と一緒に「味噌汁」が現れることは珍しいことです．したがって，ある文中に「味噌汁」が出現していれば「ご飯」も出現しやすく，「ケーキ」は出現しにくい，という傾向が正しく予測できるように「味噌汁」，「ご飯」，「ケーキ」という 3 単語の意味表現を学習しなければなりません．

分布的意味表現ではコーパス中の単語の共起頻度を使って意味表現ベクトルを計算しており，特に調整すべきパラメータが存在しません．一方，分散的意味表現では上記で説明した通り，nd 個のパラメータを調整する必要があります．d は 10〜1000 の値を取り，100,000 以上の次元をもつ分布的意味表現に比べ低次元ではありますが単語数 n が大きいため，nd 個という膨大な数のパラメータを学習する難しい問題となっています．これは分布的意味表現構築に比べ，次に述べる分散的意味表現学習手法が複雑になっている 1 つの原因でもあります．しかし，分散的意味表現では調整すべきパラメータが豊富に存在するということは，自然言語がもつ多様かつ複雑な意味を十分表す能力を秘めているということにもなります．つまり，十分な学習デー

タが存在していれば，単語がもつ意味を正確に表す分散的意味表現が学習可能です．

分布的意味表現では高次元のベクトルを使って単語の意味を表していましたが，なぜそれと同じ意味が低次元ベクトルである分散的意味表現で表されるかを考えてみましょう．確かに，分布的意味表現は高次元ではありますが，ある単語の分布的意味表現ベクトルを見るとその中のごく一部の次元しか値をもっておらず，ほとんどの次元がゼロ値になっています．つまり，分布的意味表現は高次元であってもある特定の単語を取ると，実際に情報をもつ次元は少数です．したがって，分散的意味表現でも分布的意味表現と同じように，単語がもつ意味情報をカバーできると考えられます．

分布的意味表現構築手法はコーパスをすべて処理した後，初めて意味表現ベクトルが決まるというボトムアップ型の意味表現構築手法と考えることができます．一方，分散的意味表現では最初にすべての単語がランダムに初期化された意味表現ベクトルが付与され，後にコーパス中の単語の共起によってその表現ベクトルが適宜更新されるというトップダウン型の意味表現構築手法と考えることができます．

分散的意味表現の次数 d は，すべての単語において同一の値を取ります．しかし，d は学習で決まるパラメータではなく，学習をはじめる以前に決めなければならないハイパーパラメータです．具体的には d を開発データを使って調整します．意味表現の評価については 4.7 節で説明します．

4.4 連続単語袋詰めモデル

連続単語袋詰めモデル (continuous bag-of-words model, CBOW) と連続スキップグラムモデル (continuous skip-gram model, SG) は Mikolov ら [41] によって提案された単語の分散的意味表現学習の手法です．これらのモデルは **word2vec**[*1] というツールとして公開されており，多数のタスクで応用されています．連続単語袋詰めモデルと連続スキップグラムモデルは関連するモデルであり，本節で連続単語袋詰めモデルを紹介し，4.5 節で連続スキップグラムモデルを紹介します．

---

*1　http://code.google.com/p/word2vec

Chapter 4 意味表現の学習

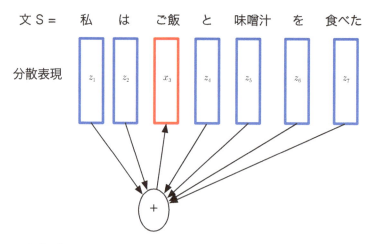

図 4.3 連続単語袋詰めモデルを使って単語の分散的意味表現を学習する例．意味表現が学習したい単語（対象語）は「ご飯」です．文 S 中に出現している他の単語を文脈語として使って「ご飯」の出現を予測します．対象語を対象ベクトル（赤）を使って表現し，文脈語を文脈ベクトル（青）を使って表現しています．

連続単語袋詰めモデルでは，与えられた文脈の中で出現している文脈語を使って，ある対象語が出現しているかどうかを予測可能な意味表現を学習します．例えば，図 4.3 の例文では，意味表現を学習したい対象語は「ご飯」であり，文 S 中に出現している「ご飯」以外のすべての単語が文脈語です．つまり，連続単語袋詰めモデルではある文中に「私」，「は」，「と」，「味噌汁」，「を」，「食べた」という文脈語単語が出現していた場合，その文中に「ご飯」という対象語が出現しているかどうかを予測できるようにそれぞれの単語の意味表現ベクトルの値を更新することを目的とします．連続単語袋詰めモデルでは 1 つの単語に対し，2 つの d 次元ベクトルが付与されます．i 番目の単語が対象語として現れている場合はその単語の**対象語ベクトル** (target word vector) x_i を使用し，その単語が文脈語として現れている場合はその単語の**文脈語ベクトル** (context word vector) z_i を使用します．図 4.3 の例では，「ご飯」に関してはその対象語ベクトルを使っており，「ご飯」以外の単語に関してはそれらの文脈語ベクトルを使っています．

連続単語袋詰めモデルでは，ある対象語 x がある文脈中の i 番目

の単語として出現している場合，x を中心とする $2k + 1$ 個の単語からなる文脈 $(i - k), \ldots, (i - 1), i, (i + 1), \ldots, (i + k)$ を使って予測する問題を考えます．この文脈中に出現する文脈語に関する文脈ベクトルを $z_{i-k}, \ldots, z_{i-1}, z_{i+1}, \ldots, z_{i+k}$ だとすると，対象語の出現確率は $p(x_i | z_{i-k}, \ldots, z_{i-1}, z_{i+1}, \ldots, z_{i+k})$ として表すことができます．k を大きくするとより広い範囲で単語の共起が考慮できますが，関連が低い離れた単語同士の共起も考慮されてしまうという問題点があります．文脈窓の幅 k は連続単語袋詰めモデルのハイパーパラメータであり，開発データを使って決めなければなりません．実際に，Mikolov らは $k = 2$ として 5 単語からなる文脈窓を使って意味表現学習をしています．

ところで，4.3 節で説明した通り，長い連続する単語列の出現は大きなコーパスであっても少ないので，この出現確率を推定することは難しくなります．そこで，連続単語袋詰めモデルでは文脈語の出現順序を無視し，次で与えられる文脈語ベクトルの平均ベクトル $\hat{x}$ を，対象語 x の文脈を代表するベクトルとして使っています．

$$\hat{x} = \frac{1}{2k} \left(z_{i-k} + \cdots + z_{i-1} + z_{i+1} + \cdots + z_{i+k} \right) \tag{4.7}$$

そうすると文脈語の出現順序が無視されるので，この手法を単語袋詰めモデルの拡張として見ることができます．3 章で説明した通り，評判分類などの文書分類タスクでは単語袋詰めモデルを使ってある文書をベクトルで表現しています．その際，文書中の単語の出現順序を無視し，文書中に各単語が何回出現しているかという出現頻度を値とするベクトルを使いました．同様に，連続単語袋詰めモデルでは与えられた文脈中の文脈語の順序を無視しています．

連続単語袋詰めモデルでは x と $\hat{x}$ を使って，与えられた文脈中で対象語の出現確率 $p(x_i | z_{i-k}, \ldots, z_{i-1}, z_{i+1}, \ldots, z_{i+k})$ を次のように計算します．

$$p(x_i | z_{i-k}, \ldots, z_{i-1}, z_{i+1}, \ldots, z_{i+k}) = \frac{\exp\left(\hat{x}^\top x\right)}{\sum_{x' \in \mathcal{V}} \exp\left(\hat{x}^\top x'\right)} \tag{4.8}$$

ここで，$\mathcal{V}$ はコーパス中の全単語からなる語彙集合であり，x' は $\mathcal{V}$ 中の単語を表しています．なお，x' の対象語ベクトルを x' で表します．

式 (4.8) で定義している連続単語袋詰めモデルを詳しく見てみましょう．

96　Chapter 4　意味表現の学習

式 (4.8) の右辺の関数は**ソフトマックス関数** (softmax function) と呼ばれています．ソフトマックス関数については付録 A.5 で説明します．

　対象語 x の対象語ベクトル $\boldsymbol{x}$ と，その文脈語を代表する平均ベクトル $\hat{\boldsymbol{x}}$ との内積 $\hat{\boldsymbol{x}}^\top \boldsymbol{x}$ が式 (4.8) の分子に現れています．つまり，x がこの文脈で出現する可能性が高いほど，この内積を大きくしなければなりません．一方，x がこの文脈中ではほとんど出現しない単語であれば，この内積が小さくなるように $\boldsymbol{x}$ を調整すれば良いことになります．連続単語袋詰めモデルでは同一単語に対して 2 つのベクトルが付与されますが，その理由は単語の共起をベクトルの内積でモデル化していることに関係します．同じ単語 x が自分自身の文脈で出現することはまれであり，$p(x|x)$ を小さくすることが望ましいですが，そのためには $\hat{\boldsymbol{x}}^\top \boldsymbol{x}$ を小さくしなければなりません．

　ところで，文脈語ベクトルと対象語ベクトルとして 2 種類のベクトルがなく，x に対して，その意味表現ベクトルが 1 つしかなかった場合，$\hat{\boldsymbol{x}}$ 中にも $\boldsymbol{x}$ が現れることになり，$\boldsymbol{x}^\top \boldsymbol{x}$ を小さくすることになってしまいます．これは $\boldsymbol{x}$ の長さ（正確には ℓ_2 ノルム）を小さくすることになります．しかし，$\boldsymbol{x}$ の ℓ_2 ノルムを変えてもソフトマックス関数はスケール不変 (scale-invariant) です．つまり，$\boldsymbol{x}$ をその ℓ_2 ノルムで割って正規化してもしなくても，式 (4.8) の $p(\boldsymbol{x}_i|\boldsymbol{z}_{i-k}, \ldots, \boldsymbol{z}_{i-1}, \boldsymbol{z}_{i+1}, \ldots, \boldsymbol{z}_{i+k})$ の値は変わりません．したがって，同じ単語が対象語として出現するか，文脈語として出現するかによって異なる表現ベクトルを使うことにより，この問題を解決することができます．なお，連続単語袋詰めモデルでは単語の共起頻度を離散的な数ではなく，実ベクトル同士の内積という連続な値でモデル化しているため，「連続」単語袋詰めモデルとして名付けられています．

　上記の議論では文脈語の出現順序を無視し，文脈語ベクトルの平均を使って文脈を表しましたが，文脈語の出現順序を保つベクトルを作成することもできます．そのためにはそれぞれの文脈語ベクトルを連結 (concatenation) します．例えば，d 次元の $2k$ 個のベクトル $\boldsymbol{z}_{k-i}, \ldots, \boldsymbol{z}_{i-1}, \boldsymbol{z}_{i+1}, \ldots, \boldsymbol{z}_{k+i}$ を連結すると，$2kd$ 次元のベクトル $(\boldsymbol{z}_{k-i}; \ldots; \boldsymbol{z}_{i-1}; \boldsymbol{z}_{i+1}; \ldots; \boldsymbol{z}_{k+i})$ を作ることができます．ここでベクトルの連結を表すために「;」を使っています．この $2kd$ 次元のベクトルの連結では単語の出現順序が保たれており，このベクトルを式 (4.7) の平均ベクトルの代わりに，式 (4.8) の連続単語袋詰めモデルで使うことができます．式 (4.8) の連続単語袋詰めモデルを使って，どの

ように対象語ベクトルと文脈語ベクトルを学習するかについては 4.5.2 節で説明します．

4.5 連続スキップグラムモデル

本節では単語の分散的意味表現学習における重要なモデルである連続スキップグラムモデルを紹介します．

4.5.1 モデルの構成

連続単語袋詰めモデルは，与えられた文脈中に出現している文脈語を使って，意味表現学習を目的とする対象語を予測する問題を対象としていました．一方，連続スキップグラムモデルでは対象語を使って文脈中に出現している文脈語を予測することを目的とします．この状況を図 4.4 で示しますが，図 4.3 と比較して見てください．図 4.4 は図 4.3 と予測対象となるものが逆になっていることに注意してください．連続スキップグラムモデルでは対象語 x が i 番目の単語として出現している文脈中で，他の単語を同時に予測する場合の確率 $p(z_{i-k}, \ldots, z_{i-1}, z_{i+1}, \ldots, z_{i+k}|x)$ を次で定義します．

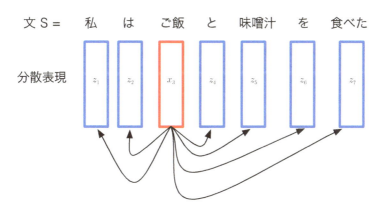

図 4.4 連続スキップグラムモデルを使って単語の分散的意味表現を学習する例．対象語の「ご飯」を使って文 S 中に出現している他の単語（文脈語）の出現を予測します．対象語を対象ベクトル（赤）を使って表現し，文脈語を文脈ベクトル（青）を使って表現しています．

98   **Chapter 4**   意味表現の学習

$$p(z_{i-k}, \ldots, z_{i-1}, z_{i+1}, \ldots, z_{i+k}|x)$$
$$= p(z_{i-k}|x) \cdots p(z_{i-1}|x)p(z_{i+1}|x) \cdots p(z_{i+k}|x) \qquad (4.9)$$

式 (4.9) では対象語 x が与えられている場合，文脈語 x がすべて独立である
と仮定しています．これは 3 つの確率変数 a, b, c について a が指定された場
合，b と c が独立であれば，$p(b, c|a) = p(b|a)p(c|a)$ として計算できるとい
うことを利用しています．この独立性の仮定により，連続スキップグラムモ
デルの計算が簡単になります．つまり，連続スキップグラムモデルでは，あ
る対象語 x の文脈で文脈語 z が出現する確率を次のように定義することがで
きます．

$$p(z|x) = \frac{\exp(\boldsymbol{x}^\top \boldsymbol{z})}{\sum_{z' \in \mathcal{V}(x)} \exp(\boldsymbol{x}^\top \boldsymbol{z'})} \qquad (4.10)$$

ここで，$\mathcal{V}(x)$ はコーパス中で対象語 x が出現している文脈中での文脈語の
集合です．例えば，図 4.4 の文 S では「ご飯」と一緒に現れている単語「私」，
「は」，「と」，「味噌汁」，「を」，「食べた」が $\mathcal{V}$(ご飯) に含まれます．S 以外に
もコーパス中で「ご飯」が出現している文があることが考えられるため，こ
れら以外の文脈語も $\mathcal{V}$(ご飯) の中に含まれることに注意してください．つま
り，$\mathcal{V}(x)$ はある特定の文脈で x と共起する文脈語の集合ではなく，コーパス
全体における x が出現するすべての文脈に関して文脈語を求め，その集合を
取ったものです．図 4.4 の例では文脈として一文を選んでいますが，文脈と
して x を中心とする k 個の単語からなる文脈窓を選ぶこともできます．さら
に，k を固定せずに，それぞれの x の出現において k としてある区間内のラ
ンダム値を取るなど，文脈窓の幅を動的に決めることもできます．これらの
k の選び方によって，学習される分散的意味表現の性能が変わります [37]．

　連続スキップグラムモデルで学習すべきパラメータの数を見積もってみま
しょう．まず，$n = |\mathcal{V}|$ 個の単語が語彙集合の中に存在しているので，それ
らすべてに関して d 次元の対象語ベクトルを学習しなければなりません．さ
らに，各単語 x に関してそれと何らかの文脈で共起する文脈語が $\mathcal{V}(x)$ であ
るため，すべての単語 $x \in \mathcal{V}(x)$ に関する文脈語の集合 $|\sum_{x \in \mathcal{V}} \cup \mathcal{V}(x)|$ に
対して d 次元の文脈語ベクトルを学習しなければなりません．したがって，
$(|\mathcal{V}| + |\sum_{x \in \mathcal{V}} \cup \mathcal{V}(x)|) \times d$ 個のパラメータを学習しなければなりません．す
べての対象語が何らかの文脈で文脈語として出現する場合，$|\sum_{x \in \mathcal{V}} \cup \mathcal{V}(x)|$

はその最大値である $|\mathcal{V}|$ になります．つまり，最大 $2nd$ 個のパラメータを学習しなければならないことになります．これは連続単語袋詰めモデルで学習すべきパラメータ数に等しくなります．学習すべきパラメータ数という点では，連続単語袋詰めモデルと連続スキップグラムモデルは同程度の複雑さをもっています．

　連続単語袋詰めモデルは連続スキップグラムモデルに比べ，文脈語の独立性を近似していないため，この両方のモデルの中ではより正確なモデルとなります．しかし，1つの対象語と1つの文脈語の間の共起をモデル化している連続スキップグラムモデルに比べ，連続単語袋詰めモデルでは複数の文脈語を使って1つの対象語を予測しているため，複数の文脈語からなる単語列がコーパス中に十分な回数現れなければなりません．したがって，連続単語袋詰めモデルで分散的意味表現を学習する場合は，連続スキップグラムモデルで分散的意味表現を学習する場合に比べ，より大きなコーパスを使う必要があります．

4.5.2　連続単語袋詰めモデルと連続スキップグラムモデルの最適化

　式 (4.8) で定義される連続単語袋詰めモデルと式 (4.10) で定義される連続スキップグラムモデルは，いずれもソフトマックス関数のうちに対象語ベクトルと文脈語ベクトル（連続単語袋詰めモデルの場合は文脈語ベクトルの平均ベクトルまたは連結ベクトル）との内積を含む形になっています．ここで，式 (4.10) の連続スキップグラムモデルを例として，対象語ベクトルと文脈語ベクトルをどのように計算するかを説明します．

　まず，式 (4.10) は x または z の両方について凸関数ではないことに注意してください．最適化をする目的関数が凸関数でない場合，局所解が存在するため，凸関数であった場合に比べ，最適解を見つけるのはより難しくなります．しかし，x あるいは z のどちらか一方を固定した場合，3.6 節で説明したロジスティック回帰学習問題と同じく，片方の変数に関して式 (4.10) が凸関数となります．なお，式 (4.10) の exp 内に x と z の内積が現れているので，x のある要素に注目すると，x と z の内積はその要素に対して線形となります．1 変数関数 $g(\theta)$ が変数 θ に関して次の2つの性質を満たす場合，g が θ に対して**線形な関数** (linear function) であると定義します．

$$g(\theta_1 + \theta_2) = g(\theta_1) + g(\theta_2) \tag{4.11}$$

$$g(a\theta) = ag(\theta) \tag{4.12}$$

ここで $a \in \mathbb{R}$ は実数定数です．さらに，2 変数関数 $h(\theta, \xi)$ がそれぞれの変数 θ と ξ に関して片方を固定させた場合，もう一方に関して線形であれば h は θ と ξ に関して**双線形関数** (bilinear function) と定義します．2 つのベクトル $\boldsymbol{x}$ と $\boldsymbol{z}$ の内積 $\boldsymbol{x}^\top \boldsymbol{z}$ は，それぞれのベクトルに関して線形であるため，$\boldsymbol{x}^\top \boldsymbol{z}$ は双線形関数です．式 (4.10) の目的関数は exp 内に内積を含んでおり，対数をとれば双線形関数になります．したがって，式 (4.10) は**対数双線形関数** (log-bilinear function) と呼ばれています．

さて，式 (4.10) を最大化する $\boldsymbol{x}$ を求めるため，式 (4.10) の両辺の対数を取って，$\boldsymbol{x}$ で偏微分してみましょう．

$$\log(p(z|x)) = \log\left(\frac{\exp(\boldsymbol{x}^\top \boldsymbol{z})}{\sum_{z' \in \mathcal{V}(x)} \exp(\boldsymbol{x}^\top \boldsymbol{z}')}\right)$$

$$= \log\left(\exp(\boldsymbol{x}^\top \boldsymbol{z})\right) - \log\left(\sum_{z' \in \mathcal{V}(x)} \exp(\boldsymbol{x}^\top \boldsymbol{z}')\right)$$

$$= \boldsymbol{x}^\top \boldsymbol{z} - \log\left(\sum_{z' \in \mathcal{V}(x)} \exp(\boldsymbol{x}^\top \boldsymbol{z}')\right)$$

$$\frac{\partial}{\partial \boldsymbol{x}} \log(p(z|x)) = \boldsymbol{z} - \frac{\partial}{\partial \boldsymbol{x}} \log\left(\sum_{z' \in \mathcal{V}(x)} \exp(\boldsymbol{x}^\top \boldsymbol{z}')\right)$$

$$= \boldsymbol{z} - \frac{1}{\sum_{z'' \in \mathcal{V}(x)} \exp(\boldsymbol{x}^\top \boldsymbol{z}'')} \frac{\partial}{\partial \boldsymbol{x}} \left(\sum_{z' \in \mathcal{V}(x)} \exp(\boldsymbol{x}^\top \boldsymbol{z}')\right)$$

$$= \boldsymbol{z} - \frac{1}{\sum_{z'' \in \mathcal{V}(x)} \exp(\boldsymbol{x}^\top \boldsymbol{z}'')} \sum_{z' \in \mathcal{V}(x)} \exp(\boldsymbol{x}^\top \boldsymbol{z}') \boldsymbol{z}'$$

$$= \boldsymbol{z} - \sum_{z' \in \mathcal{V}(x)} \left(\boldsymbol{z}' \underbrace{\left(\frac{\exp(\boldsymbol{x}^\top \boldsymbol{z}')}{\sum_{z'' \in \mathcal{V}(x)} \exp(\boldsymbol{x}^\top \boldsymbol{z}'')}\right)}_{=p(z'|x)}\right)$$

$$\therefore \frac{\partial}{\partial \boldsymbol{x}} \log(p(z|x)) = \boldsymbol{z} - \sum_{z' \in \mathcal{V}(x)} \boldsymbol{z}' p(z'|x) \tag{4.13}$$

同様に，式 (4.10) を最大化する $\boldsymbol{z}$ を求めるため，式 (4.10) の両辺の対数を取って，$\boldsymbol{z}$ で偏微分してみましょう．

$$\begin{aligned}
\frac{\partial}{\partial \boldsymbol{z}} \log(p(z|x)) &= \frac{\partial}{\partial \boldsymbol{z}} \boldsymbol{x}^\top \boldsymbol{z} - \frac{\partial}{\partial \boldsymbol{z}} \log \left(\sum_{z' \in \mathcal{V}(x)} \exp(\boldsymbol{x}^\top \boldsymbol{z}') \right) \\
&= \boldsymbol{x} - \frac{1}{\sum_{z' \in \mathcal{V}(x)} \exp(\boldsymbol{x}^\top \boldsymbol{z}')} \frac{\partial}{\partial \boldsymbol{z}} \sum_{z' \in \mathcal{V}(x)} \exp(\boldsymbol{x}^\top \boldsymbol{z}') \\
&= \boldsymbol{x} - \frac{1}{\sum_{z' \in \mathcal{V}(x)} \exp(\boldsymbol{x}^\top \boldsymbol{z}')} \frac{\partial}{\partial \boldsymbol{z}} \exp(\boldsymbol{x}^\top \boldsymbol{z}) \qquad (4.14) \\
&= \boldsymbol{x} - \frac{1}{\sum_{z' \in \mathcal{V}(x)} \exp(\boldsymbol{x}^\top \boldsymbol{z}')} \boldsymbol{x} \exp(\boldsymbol{x}^\top \boldsymbol{z}) \\
&= \boldsymbol{x} - \boldsymbol{x} \underbrace{\frac{\exp(\boldsymbol{x}^\top \boldsymbol{z})}{\sum_{z' \in \mathcal{V}(x)} \exp(\boldsymbol{x}^\top \boldsymbol{z}')}}_{=p(z|x)} \\
&= \boldsymbol{x} - \boldsymbol{x} p(z|x)
\end{aligned}$$

$$\therefore \frac{\partial}{\partial \boldsymbol{z}} \log(p(z|x)) = \boldsymbol{x}(1 - p(z|x)) \tag{4.15}$$

式 (4.14) では，$\sum_{z' \in \mathcal{V}(x)} \exp(\boldsymbol{x}^\top \boldsymbol{z}')$ において $z' = z$ 以外の z' が z で偏微分できる場合，$\sum_{z' \in \mathcal{V}(x)}$ が無関係なので消せることを使っています．

式 (4.13) と式 (4.15) は，それぞれ $\boldsymbol{x}$ と $\boldsymbol{z}$ に関して式 (4.10) で与えられる目的関数の偏微分を示します．上記で説明した通り，式 (4.10) は $\boldsymbol{x}$ と $\boldsymbol{z}$ のうちどれか 1 つを固定させた場合，片方に対して凸関数であるため，$\boldsymbol{x}$ と $\boldsymbol{z}$ に対して交互に最適化を行うことができます．このやり方は**交互最適化** (alternating optimization) と呼ばれています．特に，式 (4.10) で $\boldsymbol{x}$ あるいは $\boldsymbol{z}$ を固定させた場合，片方の変数に関してソフトマックス関数の形をしているため，多クラスのロジスティック回帰学習問題として見ることができます．しかし，式 (4.10) は $\boldsymbol{x}$ と $\boldsymbol{z}$ 両方に関して非凸関数であるため，交互最適化で $\boldsymbol{x}$ と $\boldsymbol{z}$ 両方について同時に大域的な最適解が見つかる保証はありません．単語の分散的意味表現を学習する際には，大量のテキストコーパスを使うの

102　**Chapter 4**　意味表現の学習

が通常であり，学習データをすべてメモリ上でもつ必要がないオンライン最適化手法を使って，この最適化問題を解くのが好ましいでしょう．したがって，分散的意味表現学習では 3.6.2 節で説明した確率的勾配法を使って最適化を行います．

　具体的には，まずすべての単語に対し，その対象語ベクトルと文脈語ベクトルをランダムに初期化します．次に，ある文脈中で単語 x の周辺で単語 z が出現している場合，式 (4.16) と式 (4.17) に従ってそれぞれ $\boldsymbol{x}$ と $\boldsymbol{z}$ を更新します．

$$\boldsymbol{x}^{(t+1)} = \boldsymbol{x}^{(t)} + \eta^{(t)} \frac{\partial}{\partial \boldsymbol{x}} \log(p(z_i|x_i))$$

$$= \boldsymbol{x}^{(t)} + \eta^{(t)} \left(\boldsymbol{z}^{(t)} - \sum_{z' \in \mathcal{V}(x)} \boldsymbol{z}' p(z'|x) \right) \qquad (4.16)$$

$$\boldsymbol{z}^{(t+1)} = \boldsymbol{z}^{(t)} + \eta^{(t)} \left(\frac{\partial}{\partial \boldsymbol{z}} \log(p(z|x)) \right)$$

$$= \boldsymbol{z}^{(t)} + \eta^{(t)} \boldsymbol{x}(1 - p(z|x)) \qquad (4.17)$$

式 (4.16) と式 (4.17) では $\eta^{(t)}$ が t 回目の更新のときの学習率であり，AdaGrad [17] など動的な学習率計画法を使って調整します．式 (4.10) を最大化させるのが目的なので，ここでは値が増加するように勾配の符号を決めています．

4.5.3　負例サンプリング

　式 (4.10) を使って単語の分散的意味表現を学習するために，ある単語と一緒に共起する単語（正例）だけではなく，その単語と共起しない単語（負例）に関する情報も必要です．すでに，3.5 節でロジスティック回帰を用いて二値分類を学習しましたが，その場合，正例と負例両方が必要でした．同様に，式 (4.10) は 2 つの単語が共起するかどうかを予測するモデルなので，その学習にも正例と負例の両方が必要となります．ところで，評判分類器の場合は負例に悪い評判としてラベル付けられたレビューを使うことができましたが，単語の意味表現学習では負例として「共起しない単語」が必要となります．ある単語 x と一緒に共起する単語の集合は，コーパス全体で x が出

4.5 連続スキップグラムモデル   103

現している文脈を見れば簡単に求めることができます．したがって，単語の
分散的意味表現を学習するための正例を集めることは容易です．さらに，評
判分類の学習と異なり，単語の意味表現学習に必要な正例は特に人間が判断
する必要がなく，コーパスから教師なしのやり方で自動的に集めることがで
きます．

　しかし，評判分類器学習と異なり，単語の分散的意味表現学習の際に問題
になるのが負例の収集です．評判分類器学習ではユーザーが，評判が良くな
いとして明示的にラベル付けしたレビューを使うことができましたが，ある単
語 x と共起しない単語の集合は膨大です．この多数に存在する負例の中か
ら学習のために「良い負例」を選択しなければなりません．この負例選択手
法は**負例サンプリング** (negative sampling) と呼ばれています．次に，連続
スキップグラムモデルで使われている負例サンプリング手法について説明し
ます．

　まず，負例を含む最適化問題を定式化するために，連続スキップグラムモ
デルを使って，ある単語 x の分散的意味表現 $\boldsymbol{x}$ を求める問題を考えましょ
う．上記で説明した通り，x と一緒にあらゆる文脈中に共起する単語が正例
となります．ある単語 x の分散的意味表現を学習する際に正例として使える
文脈語の集合を $\mathcal{D}^+ = \mathcal{V}(x)$ で表しましょう．さらに，単語 x と一緒にコー
パス中のどの文脈中でも共起しない文脈語からなる負例の集合を $\mathcal{D}^- \in \mathcal{V}$ で
表しましょう．正例集合と負例集合の定義より，$\mathcal{D}^+ \cap \mathcal{D}^- = \emptyset$ となります．
つまり，ある単語 x に関する正例文脈語と負例文脈語に共通するものが存在
しません．さらに，正例文脈語と負例文脈語を足し合わせると語彙集合とな
ります．つまり，$\mathcal{D}^+ \cup \mathcal{D}^- = \mathcal{V}$ となります．そのとき，式 (4.10) で定義さ
れる共起の予測確率に従い，対数尤度を最大化する x の対象語ベクトル $\hat{\boldsymbol{x}}$ は
次で与えられます．

$$\hat{\boldsymbol{x}} = \underset{\boldsymbol{x}}{\operatorname{argmax}} \left(\sum_{z \in \mathcal{D}^+} \log \left(p(t{=}1|\boldsymbol{x}, \boldsymbol{z}) p^+(z|x) \right) \right.$$
$$\left. + \sum_{z \in \mathcal{D}^-} \log \left(p(t{=}{-}1|\boldsymbol{x}, \boldsymbol{z}) p^-(z|x) \right) \right) \qquad (4.18)$$

式 (4.18) の意味を少し考えてみましょう．式 (4.18) の第 1 項は対象語 x と

共起する文脈語 z に関する対数尤度を表しています.その項の $t = 1$ は正例であることを意味します.式 (4.18) では $p^+(z|x)$ は x の正例集合 $\mathcal{D}^+$ での出現確率を表しており,正例集合はコーパス中に出現している単語集合 $\mathcal{V}(x)$ なので $\sum_{z \in \mathcal{D}^+} p^+(z|x) = 1$ となります.

一方,式 (4.18) の第 2 項は対象語 x とどの文脈においても共起しない文脈語 z からなる負例に関する対数尤度を表しています.その項の $t = -1$ は負例であることを意味します.$p^-(z|x)$ は負例集合 $\mathcal{D}^-$ の出現確率を表しており,負例は $\mathcal{V}$ からランダムにサンプリングしているため,サンプリング手法に依存します.本来ならば負例は正例として選んだものを $\mathcal{V}$ から除外してからサンプリングすべきですが,$\mathcal{V}$ に比べ,$\mathcal{D}^+ = \mathcal{V}(x)$ は極めて小さい集合であるため,近似的に $\mathcal{D}^-$ を $\mathcal{V} - \mathcal{D}^+$ ではなく,$\mathcal{V}$ からサンプリングしています.そうすることでサンプリングをする分布として,どの対象語 x に関しても同一分布が使えるという利点があります.これは大量のテキストコーパスから単語の分散的意味表現を学習する際の計算コストを削減するための工夫です.無論,この方法で実際に何らかの文脈で x と共起する z が選択される確率がゼロでなくなります.しかし,正例の数に比べ,負例の数が極めて大きいため,この可能性は無視して良くなります.

連続スキップグラムモデルの学習では,コーパス中で高出現確率をもつ単語 z が単語 x の意味表現学習の負例として選ばれるように,単語 z のユニグラム分布 $p(z)$ に基づいて負例集合 $\mathcal{D}^-$ を選択しています.式 (4.19) ではこのサンプリング分布を $\tilde{p}(z)$ と書き表しています.負例は (x, z) のペアで決まるので本来ならばユニグラム分布ではなく,x と z の同時分布 $p(x, z)$ からサンプリングすべきです.しかし,そうせずに,ユニグラム分布を $p^-(z|x)$ として用いる理由の 1 つとして,2 単語の同時共起確率に比べ,1 単語の出現確率がゼロになりにくいという点が挙げられます.もう 1 つの理由として,膨大なコーパスから共起を計算するには大きな共起表を作らなければならないため,空間計算量という点でも同時分布は好ましくありません.ユニグラムの出現確率分布からサンプリングすることでこれらの不都合が解消できます.特に,自然言語の場合,単語の出現頻度は Zipf の法則に従うので,$p(z)$ はロングテールをもつ分布になります.したがって,Mikolov らは $p(z)$ を 3/4 乗した値に比例する分布をサンプリング分布として用いています.そうすることによって出現確率 $p(z)$ が小さい文脈語 z も比較的高頻度でサンプ

リングされるようになります.

以上の議論から, 式 (4.18) の右辺が次のように展開できます.

$$\operatorname*{argmax}_{\boldsymbol{x}} \sum_{z \in \mathcal{D}^+} \log\Big(p(t{=}1|\boldsymbol{x},\boldsymbol{z})\Big) + \sum_{z \in \mathcal{D}^-} \log\Big((1 - p(t{=}1|\boldsymbol{x},\boldsymbol{z}))\tilde{p}(z)\Big)$$

$$= \operatorname*{argmax}_{\boldsymbol{x}} \sum_{z \in \mathcal{D}^+} \log\Big(\sigma(\boldsymbol{x}^\top \boldsymbol{z})\Big) + \sum_{z \in \mathcal{D}^-} \log\Big(\sigma(-\boldsymbol{x}^\top \boldsymbol{z})\tilde{p}(z)\Big) \qquad (4.19)$$

ここで $\sigma(\theta)$ は式 (4.20) で定義されるロジスティックシグモイド関数です.

$$\sigma(\theta) = \frac{1}{1 + \exp(-\theta)} \qquad (4.20)$$

argmax の計算において, 式 (4.19) の第 2 項の負例に関するサンプリング分布 $\tilde{p}(z)$ は x に無関係です. したがって, 式 (4.19) の第 2 項を期待値の形で書き表すことができます.

$$\sum_{z \in \mathcal{D}^+} \log\Big(\sigma(\boldsymbol{x}^\top \boldsymbol{z})\Big) + \mathrm{E}_{\tilde{p}(z)}\Big[\log\Big(\sigma(-\boldsymbol{x}^\top \boldsymbol{z})\Big)\Big] \qquad (4.21)$$

Mikolov らは 1 つの正例に対し, k 個の負例をサンプリングにより求め, 学習に使っています. これは正例に比べ, 負例はランダムに選択しているいわゆる**擬似負例** (pseudo negative instance) であるため, 正例数に比べ, 負例数を大きくしなければならないためです. 実用的には $k = 20$ 程度が使われています.

なお, 出現確率 $\tilde{p}(z)$ が高い単語 z は不要語である可能性が高く, そのようなものは, どの文脈にも現れるので文脈非依存な単語としてあらかじめ除外しています. 不要語をあらかじめ削除することは文脈窓を広げる効果があります. つまり, 対象語を中心に前後の n 個の単語からなる文脈を考えた場合, 不要語をあらかじめ削除してある場合ではそうでない場合に比べ, より広い範囲の文脈を考慮することになります. これは対象語に関する分散的意味表現を学習する際に, より多くの文脈情報を取り入れることができるので好ましいといえます.

word2vec で実装されている連続スキップグラムモデルと連続単語袋詰めモデルでは, **非同期パラメータ更新** (asynchronous parameter update) による並列処理を行うことで学習時間を短縮しています. 具体的には, 複数のスレッドを用いて同一学習モデルを更新しています. しかし, 複数のスレッ

106　**Chapter 4**　意味表現の学習

ドが同じ学習モデルを更新すると，互いに更新する値を打ち消し合う可能性
があり，必ずしも正しく学習が行える保証がありません．より正確に学習す
るためには，オンライン学習の並列化で良く用いられる**反復的パラメータ混
合法** (iterative parameter mixing method) [40] のように，スレッドごとに
独立にモデルをもたせて，独立的に学習させたモデルを定期的に足し合わせ
なければなりません．しかし，非同期パラメータ更新手法は実装上簡単であ
り，スレッドごとにメモリ割り当てが不要であるため，小規模なメモリで大
規模なデータから学習が行えるという利点があります．学習の正確さと大量
のデータから短時間で学習が行えるという両面にはトレードオフの関係があ
りますが，word2vec は 100 億トークン（重複して現れる単語も含めてコーパ
スの大きさを数えるときの語数）規模のコーパスを使って学習することで，
より正確な意味表現を構築しています．

4.5.4　階層型ソフトマックスによる近似計算

　単語の分散的意味表現学習では，大規模なコーパスを使うことが多く，式
(4.10) を多数の対象語と文脈語に関して計算しなければなりません．その
ため，式 (4.10) を高速に計算できることが好ましいといえます．また，式
(4.10) の右辺の分母では全文脈語彙集合にわたって規格化をすることが求
められており，膨大なコーパスから意味表現学習する場合はこの計算に時間
がかかります．この問題を解決するための手法として単語の階層構造を事前
に用意し，それに従って規格化を行う**階層型ソフトマックス** (hierarchical
softmax) が使われています．本節では具体例を使って階層的ソフトマック
ス手法を紹介します．

　階層構造を用いることで各々の単語の出現を考慮する代わりに，その単語
を含むグループを考慮できるので，式 (4.10) 中に現れる和の計算を行う際に
考慮すべき語彙集合を小さくできます．ある単語 x がある 1 つのグループに
のみ含まれるようにグループ分けされていれば，全語彙集合ではなく，この
グループ内でのみ x の確率を規格化しておけば良くなります．階層的ソフト
マックスは言語モデル構築の際に単語そのものの出現頻度の代わりに，単語
グループの出現頻度を使うことで出現頻度が少ない単語の出現確率を求める
手法から発想を得ています [25]．

　しかし，階層的ソフトマックスを適用するためには，まず何らかの方法で

単語の階層構造を構築しなければなりません．単語の階層構造を作るために
さまざまな手法が提案されており，例えば，階層的クラスタリングを使って
すべての単語を含む階層構造を作成します．あるいはすでに構築されている
概念構造を使うこともできます．例えば，WordNet[*2] では単語が**語義** (word
sense) ごとにグループ化されています．なお，グループ間で上位下位関係が
記述されています．したがって，WordNet は単語の階層構造として使うこ
とができます．

　しかし，階層的クラスタリングと WordNet を使って大規模なコーパスか
ら単語の分散的意味表現を学習する際にはいくつか問題点があります．ま
ず，階層的クラスタリングの場合，単語と単語の間の類似度とグループとグ
ループ間の類似度を計算しなければならないため，計算時間がかかります．
なお，どのような類似度尺度を使うべきかが明確ではなく，階層的クラスタ
リングによって作られる階層構造が，使った類似度尺度によって変わります．
一方，WordNet を単語の階層構造として使う場合に問題になるのは Word-
Net に登録されていない単語をどのように分類するかです．特に，大規模な
コーパスから教師なし学習で単語の分散的意味表現を学習する 1 つの目的と
して，WordNet のような人手で作成された辞書にはまだ登録されていない
単語に関しても正しい意味表現が学習できるという点が挙げられます．しか
し，WordNet に登録されていない単語がコーパス中に出現していれば，そ
の単語を階層構造に当てはめることができず，式 (4.10) を計算することがで
きなくなります．

　word2vec では，階層的クラスタリングや WordNet ではなく，**ハフマン木**
(Huffman tree) を使うことで単語の階層構造を構築しています．ハフマン
木は 2 分木であり，高頻出単語に短い二値符号を割り当てることで符号化を
行う可変長符号化法です．**図 4.5** に 4 つの単語からなる語彙に対し，ハフマ
ン木を構築する具体例を示します．まず，コーパス中の各単語についてその
出現頻度を計算し，出現頻度の高いものから低いものへ降順に並べます．ハ
フマン木では各単語はそれぞれ 1 つの葉で表します．図 4.5 では 21 回と高
頻度の「日本」から，2 回と低頻度の「バナナ」の順に並べられています．次
に，出現頻度が最も小さい 2 つの単語に対する葉を組み合わせて新しい内部

[*2] http://wordnet.princeton.edu

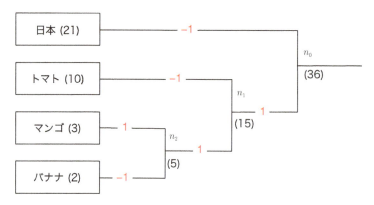

図 4.5 4つの単語からなるハフマン木の例. それぞれの単語のハフマン符号は次のようになります. 日本 $= (-1)$, トマト $= (1, -1)$, バナナ $= (1, 1, -1)$, マンゴ $= (1, 1, 1)$.

ノードを作成します. なお, 新たな内部ノードのスコアは, 合わせた2つの単語の出現頻度の合計にします. 図 4.5 では出現頻度が最も小さい2つの単語である「バナナ」(2回) と「マンゴ」(2回) を合わせて, スコアが5の内部ノード n_2 を作成します. 次に, 新たに作成した内部ノードと既存の葉や内部ノードを比較し, その中で出現頻度が最も小さい2つの葉や内部ノードを組み合わせて新たな内部ノードを作成します. この操作を繰り返すことで, 最終的に1つの2分木を作成します. 木の根から出発し, 各内部ノードにおいて, 出現頻度の高い枝に -1 を, 低い枝に 1 を割り当てます. 木の根から葉まで辿ることで, その葉に対する単語のハフマン符号を読み取ることができます. 例えば, 「トマト」に関するハフマン符号は $(1, -1)$ となります.

ハフマン木を作成するには, まず単語の出現頻度を計算し, 出現頻度の高い順にソートします. したがって, ハフマン木で単語の階層構造を作るのは階層的クラスタリングを行う場合に比べ, 計算量の点では有利です. なお, コーパス中のすべての単語がハフマン木のどれかのノードで表されているため, WordNet など既存の語彙体系を使う場合に比べ, 未知語の問題が起きません.

さて, 与えられたコーパス中の語彙を表すハフマン木を作成した後, そのハフマン木を使って, どのように式 (4.10) の確率 $p(z|x)$ が計算できるか見てみましょう. そのため, まず, ハフマン木上で単語 z に対する頂点を見つ

け，根からその頂点への経路 Path(z) を求めます．例えば，図 4.5 で示した
ハフマン木で Path（バナナ）は $(1, n_1)$, $(1, n_2)$, $(-1, バナナ)$ となります．
この経路は -1 と 1 からなる固有なハフマン符号 $(1, 1, -1)$ で表すことがで
きます．各ノードでは -1 または 1 という 2 つの枝があるため，$p(z|x)$ の予
測確率をロジスティック関数を使って，次のように近似できます．

$$p(z|x) = \frac{\exp(\boldsymbol{x}^\top \boldsymbol{z})}{\sum_{z' \in \mathcal{V}(x)} \exp(\boldsymbol{x}^\top \boldsymbol{z}')}$$

$$\approx \prod_{(l,y) \in \mathrm{Path}(z)} p(t = l | \boldsymbol{x}, \boldsymbol{y}) = \prod_{(l,y) \in \mathrm{Path}(z)} \sigma(l \boldsymbol{x}^\top \boldsymbol{y}) \quad (4.22)$$

ここで，y は根から単語 z に対する葉への経路上のノードを表し，l は各ノー
ドでの枝の値（1 または -1）を表し，この l に対応する確率変数が t です．
ソフトマックス関数を使って定義した $p(z|x)$ をロジスティック関数の積と
して分解して計算していますが，この分解はどのような階層構造を使うかに
依存しています．ハフマン木は単語の出現頻度だけを使って構築されている
ため，単語の意味的関係を反映しているとはいえませんが，ハフマン木は式
(4.10) を近似するためには十分な階層構造となっています．

　連続単語袋詰めモデルと連続スキップグラムモデルでは，同じ単語 i に関
して，対象語ベクトル $\boldsymbol{x}_i$ と文脈語ベクトル $\boldsymbol{z}_i$ として一般的に異なる 2 つの
分散的意味表現ベクトルが学習されます．Mikolov らは学習した後に，文脈
語ベクトルを捨てて対象語ベクトルのみを単語の分散的意味表現として用い
ることを提案しました．しかし，後の研究 [37] では両方の意味表現ベクトル
を足した $\boldsymbol{x}_i + \boldsymbol{z}_i$ を単語 i の分散的意味表現ベクトルとして用いる方がより
正確であることが分かりました．

4.6　大域ベクトル予測モデル

　4.4 節で紹介した連続単語袋詰めモデルと 4.5 節で紹介した連続スキップ
グラムモデルはコーパスを一文単位で処理し，単語の対象語ベクトルと文脈
語ベクトルを更新しています．このやり方では単語の共起を予測する際に一
文に含まれている情報しか使うことができません．一方，4.2 節で紹介した
分布的意味表現の場合はコーパス全体における 2 つの単語の共起情報を使っ

110   **Chapter 4**   意味表現の学習

ています．実はある対象語 x と文脈語 z に関する分散的意味表現ベクトル
を学習する際には，一文中の共起情報ではなく，コーパス全体における共起
情報を使う方法がすでに提案されており，**大域ベクトル予測モデル** (global
vector prediction, **GloVe**) [48] として知られています．

大域ベクトル予測モデルでは，分布的意味表現で行ったのと同様，まず，
対象語と文脈語のコーパス全体における共起頻度を計算し，共起行列 $\mathbf{X}$ を
作成します．$\mathbf{X}$ の各行が対象語に対応しており，各列が文脈語に対応してい
ると仮定しましょう．つまり，i 番目の対象語と j 番目の文脈語 j が共起す
る回数を $\mathbf{X}$ の (i, j) 番目の要素 X_{ij} で表現されているとします．そうする
と，大域ベクトル予測モデルは，次の目的関数を最小化する対象語ベクトル
$\boldsymbol{x}_i$ と文脈語ベクトル $\boldsymbol{z}_j$ を学習します．

$$J = \sum_{i,j=1}^{|\mathcal{V}|} f(X_{ij}) \left(\boldsymbol{x}_i{}^\top \boldsymbol{z}_j + b_i + b_j - \log(X_{ij}) \right)^2 \tag{4.23}$$

ここで，b_i と b_j はスカラーのバイアス項です．関数 f は次の3つの性質を
満たす関数です．

1. $f(0) = 0$. つまり，f は連続関数と見なした場合，$x \to 0$ となるとき，
   $\lim_{x \to 0} f(x) \log^2(x)$ が有限の値をもたなければなりません．目的関数
   J の中に $\log(X_{ij})$ が現れていますが，このままでは共起頻度がゼロで
   ある単語対に関しても J が無限大に発散してしまいます．しかし，f
   としてこの性質を満たす関数を選ぶことによって，この不具合を解消
   することができます．
2. $f(x)$ は単調増加関数でなければなりません．つまり，低共起頻度をも
   つ単語対を過剰評価してはいけません．
3. $f(x)$ はある閾値以上の共起頻度に関しては比較的小さな値をもたなけ
   ればなりません．つまり，不要語など高頻出する単語との共起を過剰
   評価してはいけません．

このような性質を満たす関数 f は複数存在しますが，大域ベクトル予測モデ
ルでは次で定義される関数を用いています．

$$f(t) = \begin{cases} (t/t_{\max})^{\alpha} & \text{if } t < t_{\max} \\ 1 & \text{それ以外} \end{cases} \tag{4.24}$$

さて，式 (4.23) で定義される目的関数 J の意味を考えてみましょう．$\log(X_{ij})$ は単語 i と j の共起頻度の対数なので，式 (4.23) は対象語ベクトルと文脈語ベクトルの内積 $\boldsymbol{x}_i{}^{\top}\boldsymbol{z}_j$ を使って，この共起頻度の対数を予測しようとしています．対数関数は単調増加関数なので対数をとらずに内積を使って共起頻度そのものを予測できるように学習しても良いですが，実は共起頻度の対数を使うことで 2 つの単語間の意味的関係がより正確に表現できるようになります．$\boldsymbol{x}_i, \boldsymbol{z}_j, b_i, b_j$ はすべて大域ベクトル予測モデルで学習すべきパラメータです．

式 (4.23) の目的関数 J は複数の項の二乗を取ったものの和の形をしているため，常に正です．なお，J は $\boldsymbol{x}_i$ あるいは $\boldsymbol{z}_j$ のどちらか一方を固定させた場合，片方に対して線形であるため，双線形関数です．したがって，式 (4.10) の最適化の際に使った交互最適化手法を使うことができます．まず，J をそれぞれの学習すべきパラメータで偏微分してみましょう．

$$\frac{\partial J}{\partial \boldsymbol{x}_i} = \sum_{j=1}^{|\mathcal{V}|} 2f(X_{ij})\boldsymbol{z}_j \left(\boldsymbol{x}_i{}^{\top}\boldsymbol{z}_j + b_i + b_j - \log(X_{ij})\right) \tag{4.25}$$

$$\frac{\partial J}{\partial \boldsymbol{z}_j} = \sum_{i=1}^{|\mathcal{V}|} 2f(X_{ij})\boldsymbol{x}_i \left(\boldsymbol{x}_i{}^{\top}\boldsymbol{z}_j + b_i + b_j - \log(X_{ij})\right) \tag{4.26}$$

$$\frac{\partial J}{\partial b_i} = \sum_{j=1}^{|\mathcal{V}|} 2f(X_{ij}) \left(\boldsymbol{x}_i{}^{\top}\boldsymbol{z}_j + b_i + b_j - \log(X_{ij})\right) \tag{4.27}$$

$$\frac{\partial J}{\partial b_j} = \sum_{i=1}^{|\mathcal{V}|} 2f(X_{ij}) \left(\boldsymbol{x}_i{}^{\top}\boldsymbol{z}_j + b_i + b_j - \log(X_{ij})\right) \tag{4.28}$$

これらの微分係数を使い，確率的勾配法に基づきパラメータ更新を行うことで，大域ベクトル予測モデルで対象語と文脈語に関する分散的意味表現ベクトルを学習します．

大域ベクトル予測モデルを連続単語袋詰めモデル・連続スキップグラムモデルと比較してみましょう．大域ベクトル予測モデルは連続スキップグラ

ムモデルと連続単語袋詰めモデル同様,対象語ベクトルと文脈語ベクトルの内積を使って単語の共起を予測している点は似ています.4.9 節で説明するように,これらのモデルは 2 つの単語の共起情報を表している共起行列を分解するモデルとして解釈することができます.したがって,これらの分散的意味表現の学習手法では共通している部分が大きいです.しかし,大域ベクトル予測モデルでは二乗誤差を目的関数として使っており,連続単語袋詰めモデルと連続スキップグラムモデルでは,**交差エントロピー誤差** (cross-entropy error) を最小化しています.大域ベクトル予測モデルが連続スキップグラムモデルと連続単語袋詰めモデルと大きく異なる点として,大域ベクトル予測モデルでは負例を必要としない点が挙げられます.負例サンプリングに基づく連続スキップグラムモデルの学習を 4.5.3 節で紹介しましたが,そこでは負例サンプリングを容易に行うためのさまざまな仮定や近似をしなければなりませんでした.大域ベクトル予測モデルは負例を必要としないため,これらの仮定や近似が不要になります.

大域ベクトル予測モデルを使って単語の分散的意味表現を学習するためには,まずコーパス全体における単語の共起頻度を計算する必要があります.ウェブから集められるテキストのような膨大なコーパスの場合,そこから共起行列を計算するのは容易ではありません.まず,n 個の単語の共起情報を保存するためには $n(n-1)/2$ 個の変数が必要となります.自分自身の共起を計算しないため,実際はこの数字より n 個少ない変数で足りますが,それでも空間情報量としては $\mathcal{O}(n^2)$ のオーダーの変数が必要となります.通常 n として数十万個の単語を扱わなければならず,共起行列をどのように計算するかが,大域ベクトル予測モデルを使って単語の分散的意味表現を学習するにあたって重要な前処理タスクとなります.共起行列を複数の計算機上で分散させたメモリに保存することもできますが,そのような分散させた計算環境がない場合は,次に述べるようなテクニックを使って共起行列の計算を省略することができます.

まず,コーパス全体における各単語の出現頻度を計算し,出現頻度が小さい単語を共起行列に含まないようにします.出現頻度が小さい単語の中にはスペルミスが含まれることが多く,出現頻度が小さい単語を計算から除外することは一種の雑音除外の効果があります.無論,出現頻度が小さい単語は他の単語と共起する回数も小さくなるので,そもそも大域ベクトル予測モデ

ルを使って正確な分散的意味表現が学習できるほど信頼できる統計情報が得られない可能性が高いともいえます．したがって，出現頻度が小さい単語を共起行列から除外することは有効なテクニックです．このように選択した単語に関してコーパス全体からそれらの単語同士の共起頻度を求め，共起行列を構築します．この方法の欠点は共起行列を構築するために，最低限 2 回（単語の出現頻度を求めるために 1 回と共起頻度を求めるためのもう 1 回）コーパスを最初から最後まで処理しなければならないことです．大域ベクトル予測モデルに比べ，連続単語袋詰めモデルと連続スキップグラムモデルでは，一文単位で学習が行えるのでオンライン学習が可能です．特に，コーパスが常に増加するウェブ文書の場合はコーパスを固定させて共起行列を求めることができません．そのため，ウェブ文書から分散的意味表現を学習する場合は大域ベクトル予測モデルより，連続単語袋詰めモデルや連続スキップグラムモデルが便利です．

4.7 意味表現の評価

単語の分布的意味表現と分散的意味表現を学習する手法を紹介しましたが，これらの手法によって学習される単語の意味表現が正しいかどうかを評価する必要があります．「単語の意味」は数百次元のベクトルとして表されているので，学習できた意味表現が正しいかどうか目視で確認することはできません．特に，分散的意味表現では，ベクトルの各次元がどのような意味に対応しているか分かっていません．そこで，学習された意味表現を別のタスクに応用し，その応用先タスクにおける精度がどれくらい上がるか（もしくは下がるか）で，学習された意味表現の正確さを評価します．このような評価手法は**間接的評価方法** (extrinsic evaluation method) と呼ばれています．間接的評価方法に対し，**直接的評価方法** (intrinsic evaluation method) では評価対象を直接評価しています．

さて，意味表現を間接的に評価するために，どのようなタスクが好ましいかを考えてみましょう．例えば，連続単語袋詰めモデルや連続スキップグラムモデルでは，分散的意味表現を学習する際に 2 つの単語がある文脈中で共起するかどうかを予測しているので，共起が正確に予測できるかどうかで意味表現を評価することができます．機械翻訳や音声認識では，与えられた文

114   **Chapter 4** 意味表現の学習

脈の直後に現れる単語を予測できる言語モデルが必要とされ，単語の出現が予測できるかどうかで言語モデルを評価することができます．この評価方法では，学習時に使った文書とは異なるテスト用の文書を用意する必要がありますが，特にそのテスト用の文書を人手でラベル付けする必要はありません．したがって，この評価方法で大量のテストデータを使って，より信頼性の高い評価が行えます．しかし，単語の意味表現学習は言語モデルの学習と異なり，与えられた文脈語の直後の単語だけではなく，その直前の単語も使って学習しているため，言語モデルとして評価することは適切ではありません．

　そこで，単語の意味表現の正確さを評価するために広く用いられるタスクとして，(1) 2 つの単語間の意味的類似性を予測するタスクと，(2) 2 つの単語ペア間の関係類似性を予測するタスクが挙げられます．次にこれらの評価タスクについて解説します．

4.7.1　意味的類似性予測タスク

　2 つの単語の意味がどれくらい近いかを正確に計算できることは，テキストデータを使う文書分類，類似検索，関連語抽出などさまざまなタスクで必要となる基礎的なステップです．意味表現そのものを直接的に目視で正しいかどうか判断できなくても，その意味表現を使って単語同士の意味がどれくらい似ているかという**意味的類似性** (semantic similarity) を求めることができれば，意味が近い単語同士に高い類似性スコアが計算できるかどうかで意味表現そのものの正確さを間接的に評価することができます．意味的類似性は**類義性** (synonymy) や**関連性** (relatedness) よりも広義な概念であり，反対語や上位下位語なども含めています．例えば，*hot*（暑い）と *cold*（寒い）という単語は反対語ですが，「温度」という属性は共通しています．したがって，意味的類似性が高い単語ペアとして見ることができます．

　人間がもつ意味的類似性の概念は複雑ですが，単語同士の意味的類似性に関して複数の人間にスコア付けをしてもらい作成された単語同士の意味的類似性に関するベンチマークデータセットが複数存在します．インターネットの普及によって多数の人間によるアンケート評価結果を容易に得ることができます．特に，Amazon mechanical turk[*3] を使って，単語同士の意味的類

---

　*3　https://www.mturk.com/mturk/welcome

似性に関するアンケート調査を行って，ベンチマークデータセットを作るのが主流となってきました．

表 4.1 では Miller と Charles らによって作成された Miller-Charles (MC) データセット [42] と呼ばれている単語の意味的類似性に関するベンチマークを示します．MC データセットは複数の人間が与えられた単語対に関して，それらがまったく類似していない (0) から完全な類義語である (4) を表すスコア付けを行い，その平均を取ったものです．MC データセット以外にもこの方法を使って作られているデータセットが複数存在します．Rubenstein と Goodenough による RG データセット [51]，あまり使われない珍しい単語に関する意味的類似性が登録されている rare words (RW) データセット [38]，単語の意味的類似性が文脈によってどのように変化するかを表す Stanford contextual word similarities (SCWS) データセット [28]，3000 個の単語ペアに関する意味的類似性が評価されている MEN データセット [11] が特に有名です．

2 つの単語 i と j に関する意味表現ベクトルをそれぞれ $\boldsymbol{x}_i$ と $\boldsymbol{x}_j$ とすると，単語 i と j 間の意味的類似性 $\mathrm{sim}(i, j)$ をベクトル同士のコサイン類似性として，次を使って計算できます．

$$\mathrm{sim}(i, j) = \frac{\boldsymbol{x}_i^\top \boldsymbol{x}_j}{||\boldsymbol{x}_i||_2 ||\boldsymbol{x}_j||_2} \tag{4.29}$$

ここでは，$||\boldsymbol{x}||_2$ はベクトル $\boldsymbol{x}$ の ℓ_2 ノルムを表しており，付録 A.3 の式 (A.3) で定義されています．こうして計算される単語の意味的類似性を，上記で説明したベンチマークデータセットに登録されている人間による意味的類似性スコアと比べることで，学習した意味表現は単語の意味をどれくらい正確に表しているかを評価することができます．例えば，表 4.1 のデータを使って評価を行う場合，各単語ペアに含まれている 2 つの単語に関する意味表現ベクトルを使い式 (4.29) に基づいて類似性を計算し，それらの値を表 4.1 の値と比較すれば良いことになります．2 つの数列の間にどれくらいの相関があるかを評価するための指標としてピアソン相関係数を用います．例えば，ベンチマークデータセットには n 個の異なる単語ペアが存在しており，それぞれの単語ペアに関してベンチマークデータセット中に登録されている意味的類似性が $[\alpha_1, \alpha_2, \ldots, \alpha_n]$ であり，それらの単語ペアに関して式 (4.29) を

116　Chapter 4　意味表現の学習

表 4.1　Miller と Charles らによって作成された単語の意味的類似性に関するデータセット．そ
れぞれの単語対に含まれる単語同士の意味的類似性に関して複数の人間が 0（まったく意
味的類似性がない）から 4（完璧に意味が似ている）までの 4 段階評価をしており，複数
の評価者が 1 つの単語対に対して行った評価の平均を計算しています．元は英単語のみか
らなっているデータセットですが，説明上の都合のため，それぞれの単語に関して和訳を
付けています．複数の語義がある単語に関しては，最も意味が似ている語義同士に関する
和訳を選んでいます．

第 1 単語	第 2 単語	意味的類似性
car（車）	automobile（自動車）	3.92
gem（宝石）	jewel（宝石付きのアクセサリー）	3.84
journey（旅）	voyage（長旅または船旅）	3.84
boy（男の子）	lad（青年）	3.76
coast（海岸）	shore（沿岸）	3.70
asylum（保護施設）	madhouse（知的障害者向けの保護施設）	3.61
magician（マジシャン）	wizard（魔法使い）	3.50
midday（正午）	noon（昼間）	3.42
furnace（かまど）	stove（ストーブ）	3.11
food（食べ物）	fruit（果物）	3.08
bird（鳥）	cock（鶏のおんどり）	3.05
bird（鳥）	crane（鶴）	2.97
tool（道具）	implement（器具）	2.95
brother（男性の修道士）	monk（修道士）	2.82
lad（青年）	brother（男性の修道士）	1.66
crane（鶴）	implement（器具）	1.68
journey（旅）	car（車）	1.16
monk（修道士）	oracle（神託）	1.10
cemetery（墓地）	woodland（森林地帯）	0.95
food（食べ物）	rooster（鶏のおんどり）	0.89
coast（海岸）	hill（丘）	0.87
forest（森）	graveyard（墓地）	0.84
shore（沿岸）	woodland（森林地帯）	0.63
monk（男性の修道士）	slave（奴隷）	0.55
coast（海岸）	forest（森）	0.42
lad（青年）	wizard（魔法使い）	0.42
chord（和音）	smile（微笑み）	0.13
glass（グラス）	magician（マジシャン）	0.11
rooster（鶏のおんどり）	voyage（長旅，船旅）	0.08
noon（昼間）	string（糸）	0.01

使って計算した意味的類似性が $[\beta_1, \beta_2, \ldots, \beta_n]$ だとしましょう．そうすると，これらの数列間のピアソン相関係数 ρ は次で与えられます．

$$\rho = \frac{\sum_{i=1}^{n}(\alpha_i - \bar{\alpha})(\beta_i - \bar{\beta})}{\sqrt{\sum_{i=1}^{n}(\alpha_i - \bar{\alpha})^2}\sqrt{\sum_{i=1}^{n}(\beta_i - \bar{\beta})^2}} \tag{4.30}$$

ピアソン相関係数は $[-1, 1]$ の範囲の数字であり，値が高いほど人間が付けた意味的類似性スコアとの相関が高い意味表現が学習できていることになります．

4.7.2 関係類似性予測タスク

単語の意味表現を使って2つの単語間の関係を表現することができます．例えば，king（王様）と man（男性）の2つの単語に対する意味表現が，$\boldsymbol{x}(\text{king})$ と $\boldsymbol{x}(\text{man})$ だとしましょう．そうすると，それらの意味表現ベクトル間の差分，$\boldsymbol{x}(\text{king}) - \boldsymbol{x}(\text{man})$ が「王様」と「男性」の間の関係を表すことが知られています．この例では王様は男性であり，王族の一員であるという関係が成り立ちます．同様に，queen（女王）と woman（女性）という2つの単語間では「女王」が「女性」であり，王族の一員であるという関係が成り立ちます．単語の意味表現が正しくベクトルで表現できていれば，2つの単語に対する意味表現ベクトルの差分を使ってそれらの単語間の関係を正しく表現できるはずです．つまり，上記の例では「王様」と「男性」の間の関係と「女王」と「女性」の間の関係が似ているため，$\boldsymbol{x}(\text{king}) - \boldsymbol{x}(\text{man})$ という差分ベクトルと $\boldsymbol{x}(\text{queen}) - \boldsymbol{x}(\text{woman})$ という差分ベクトルが平行でなければなりません．2つのベクトルが平行であれば，それらの間のコサイン類似性が1となります．したがって，$\boldsymbol{x}(\text{king}) - \boldsymbol{x}(\text{man})$ と $\boldsymbol{x}(\text{queen}) - \boldsymbol{x}(\text{woman})$ 間のコサイン類似性を計測することで，(king, man) という単語対と (queen, woman) という単語対の関係がどれくらい似ているかを評価することができます．

このように，関係同士の類似性は**関係類似性** (relational similarity) と呼ばれています．関係類似性は 4.7.1 節で説明した2つの単語間の意味的類似性と異なる概念です．例えば，「ダチョウ」と「鳥」という単語対と「ライオン」と「猫」という単語対を考えると，それぞれの単語対の間では「〜は大きな〜である」という関係が成り立ちます．したがって，（ダチョウ，鳥）と

いう単語対と（ライオン，猫）という単語対の間の関係類似性が高いといえます．しかし，「ダチョウ」は「ライオン」や「猫」と大きく異なる動物であり，意味的類似性は低くなります．

(king, man), (queen, woman) のように意味的関係が似ている単語対は互いに**類推単語対** (analogical word pairs) と呼ばれています．類推単語対の間では高い関係類似性が観測できます．単語の意味表現がどれくらい正確かを評価するための手法として，既知の類推単語対に関してどれくらい高く関係類似性が計測できるかを考えます．例えば，king と man との間の関係を woman ともつ単語は何かを語彙集合から探すタスクを考えましょう．これは，(king, man) と (c, woman) という 2 つの単語対間の意味的類似性を最大化させる単語候補 c を語彙集合から探し出す問題に帰着できます．つまり，$x(\mathrm{man}) - x(\mathrm{king}) + x(\mathrm{woman})$ というベクトルと候補 c に関する意味表現ベクトル $x(c)$ とのコサイン類似性を計測し，その値が最大となる候補 $\hat{c}$ を正解として選択すれば良くなります．これは次のように表すことができます．

$$\hat{c} = \operatorname*{argmax}_{c \in \mathcal{V}} \cos(x(\mathrm{man}) - x(\mathrm{king}) + x(\mathrm{woman}), x(c)) \qquad (4.31)$$

上記の例では，$\hat{c}$ として queen を見つけることができれば，意味表現ベクトルが正しいと解釈することができます．つまり，語彙集合中の queen 以外のいずれかの単語が $\hat{c}$ として選択されたら，この問題に対して不正解となります．

人手で作成された類推単語対を含むデータセットとして，米国の大学入学試験 Scholastic Assessment Test (SAT) に含まれていた類推問題からなる SAT データセット，Mikolov らが提案した類推単語対データセット，評価型ワークショップ SemEval-2012 タスク 2 の類推単語対データセットがあります．これらのデータセットに含まれる類推単語対に関しては式 (4.31) を使って候補を当てた場合，それが実際にデータセット中に登録されていた正解だったかどうかで意味表現ベクトルを評価することができます．その場合，データセット中に含まれる全テストケース（類推単語対）のうち，何個に対して正解を当てることができたかで，学習した意味表現の性能を定量的に評価することができます．

4.8 単語の意味表現ベクトルの可視化

単語の意味表現ベクトルは高次元であることが多いため，目視でその正確さを評価することは難しいです．高次元のデータを低次元に射影し，可視化することで単語間の関係をより直感的に理解することができます．高次元のデータを低次元に射影する手法として，**t 分布型確率的近傍埋め込み法** (t-distributed stochastic neighbor embedding, t-SNE) があります [58]．確率的近傍埋め込み法では，ある点 i から見た別の点 j との類似性は，点 i を中心とするガウス分布で定義される i の近辺（neighborhood）の中で j が見つかる条件付き確率 $p(j|i)$ として定義されます．例えば，点 i に対応する d 次元ベクトルが $\boldsymbol{x}_i$，点 j に対応する d 次元ベクトルが $\boldsymbol{x}_j$ とすると，$p(j|i)$ は次のように計算できます．

$$p(j|i) = \frac{\exp(-||\boldsymbol{x}_i - \boldsymbol{x}_j||^2/2\sigma_i^2)}{\sum_{k \neq i} \exp(-||\boldsymbol{x}_i - \boldsymbol{x}_k||^2/2\sigma_i^2)} \tag{4.32}$$

ここで，σ_i は点 i を中心とするガウス分布の分散です．なお，異なる点同士の類似性を計算することが目的であるため，$p(i|i) = 0$ とします．

さて，点 i を表すベクトル $\boldsymbol{x}_i$ を $d' < d$ 次元に射影して得られる点を表す d' 次元のベクトルを $\boldsymbol{y}_i$ で表すことにします．式 (4.32) 同様，d' 次元空間で点 i から見た点 j の類似度 $q(j|i)$ は，次のように計算できます．

$$q(j|i) = \frac{\exp(-||\boldsymbol{y}_i - \boldsymbol{y}_j||^2)}{\sum_{k \neq i} \exp(-||\boldsymbol{y}_i - \boldsymbol{y}_k||^2)} \tag{4.33}$$

なお，異なる点同士の類似性を計算することが目的であるため，$q(i|i) = 0$ とします．確率的近傍埋め込み法では，$p(j|i)$ と $q(j|i)$ 間の KL ダイバージェンス（80 ページ参照）が最小となるように各点の射影 $\boldsymbol{y}_i$ を求めます．確率的近傍埋め込み法ではガウス分布ではなく，t-分布が使われています．この場合，$q(j|i)$ は次のようになります．

$$q(j|i) = \frac{\left(1 + ||\boldsymbol{y}_i - \boldsymbol{y}_j||^2\right)^{-1}}{\sum_{k \neq i} \left(1 + ||\boldsymbol{y}_i - \boldsymbol{y}_k||^2\right)^{-1}} \tag{4.34}$$

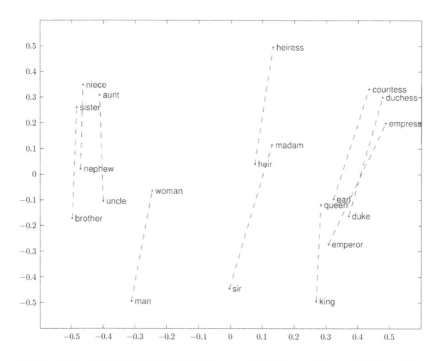

図 4.6 GloVe で学習した単語の意味表現ベクトルを t-SNE を使って 2 次元で可視化しています．woman と man を繋ぐ直線と queen と king を繋ぐ直線がほぼ平行しており，woman と man の間の意味表現が queen と king の間の意味表現と似ていることが分かります．

図 4.6 では GloVe を使って学習した 300 次元の意味表現ベクトルを 2 次元に射影し，可視化しています．図 4.6 では男性名詞と対応する女性名詞を繋ぐ直線がほぼ平行しており，GloVe で単語の意味表現が正しく学習できているといえます．

4.9 分散的意味表現における行列分解

4.2 節で紹介した分布的意味表現は，コーパス中で単語間の共起頻度を計算し，その共起情報を表す共起行列を特異値分解することで単語の意味表現を構築する手法でした．一方，4.3 節で紹介した分散的意味表現は，単語の

4.9 分散的意味表現における行列分解 121

意味表現ベクトルを使って与えられた文脈中で単語間の共起を予測した場合に生じる誤差が最小化されるように意味表現ベクトルを調整しました．こうして見ると，分散的意味表現学習は行列分解を伴わない手法のように見えますが，実は負例サンプリング付きの連続スキップグラムモデルや大域ベクトル予測モデルのような分散的意味表現の学習手法は分布的意味表現の学習手法と同様に行列分解問題として定式化することができます[36]．本節では連続スキップグラムモデルを例として，分散的意味表現がどのように行列分解問題として定式化できるかを説明します．

　負例サンプリング付きの連続スキップグラムモデルで最大化している目的関数は式 (4.21) で与えられます．式 (4.21) で k 個の負例が $\tilde{p}(z)$ からサンプリングされるものとし，尤度の負を取ったものをエントロピー誤差関数 J として式 (4.35) のように定義します．つまり，式 (4.21) の尤度を最大化させる問題と，式 (4.35) のエントロピー誤差を最小化する問題は，同一の対象語ベクトルと文脈語ベクトルを最適解とする最適化問題となります．

$$J = -\sum_{x \in \mathcal{V}} \sum_{z \in \mathcal{V}(x)} \log(\sigma(\boldsymbol{x}^\top \boldsymbol{z})) - k\mathrm{E}_{\tilde{p}(z)}\left[\log\left(\sigma(-\boldsymbol{x}^\top \boldsymbol{z})\right)\right] \qquad (4.35)$$

コーパス中で対象語 x の出現頻度を $\#(x)$，文脈語 z の出現頻度が $\#(z)$，対象語と文脈語の共起頻度を $\#(x, z)$ で表すと，式 (4.35) の誤差 J を次のように単語の組み合わせで書き表すことができます．

$$J = -\sum_{x \in \mathcal{V}} \sum_{z \in \mathcal{V}(x)} \#(x, z) \log(\sigma(\boldsymbol{x}^\top \boldsymbol{z})) - k\sum_{x \in \mathcal{V}} \#(x)(\mathrm{E}_{\tilde{p}(z)}\left[\log\left(\sigma(-\boldsymbol{x}^\top \boldsymbol{z})\right)\right]$$
$$(4.36)$$

　式 (4.35) の第 2 項である負例に関する期待値は，次のように明示的に計算できます．

$$\mathrm{E}_{\tilde{p}(z)}\left[\log\left(\sigma(-\boldsymbol{x}^\top \boldsymbol{z})\right)\right] = \sum_{z \in \mathcal{V}(x)} \frac{\#(z)}{|\mathcal{V}(x)|} \log(\sigma(-\boldsymbol{x}^\top \boldsymbol{z})) \qquad (4.37)$$

式 (4.37) を式 (4.36) に代入することで，コーパス全体における予測誤差を式 (4.38) のように計算できます．

$$J = -\sum_{x \in \mathcal{V}} \sum_{z \in \mathcal{V}(x)} \#(x,z) \log(\sigma(\boldsymbol{x}^\top \boldsymbol{z})) - k \sum_{x \in \mathcal{V}} \#(x) \sum_{z \in \mathcal{V}(x)} \frac{\#(z)}{|\mathcal{V}(x)|} \log(\sigma(-\boldsymbol{x}^\top \boldsymbol{z}))$$
(4.38)

式 (4.38) から，ある特定の対象語 x と文脈語 z 間の共起を予測する場合の誤差 $J(x,z)$ を引き出すと，次のようになります．

$$J(x,z) = -\#(x,z) \log(\sigma(\boldsymbol{x}^\top \boldsymbol{z})) - \#(x) \frac{\#(z)}{|\mathcal{V}(x)|} k \log(\sigma(-\boldsymbol{x}^\top \boldsymbol{z})) \quad (4.39)$$

$J(x,z)$ は $y = \boldsymbol{x}^\top \boldsymbol{z}$ の関数として見ることができるので，それを最小化する y を求めましょう．まず，式 (4.39) を y で書きなおすと，次のようになります．

$$J(y) = -\#(x,z) \log(\sigma(y)) - \#(x) \frac{\#(z)}{|\mathcal{V}(x)|} k \log(\sigma(-y)) \qquad (4.40)$$

式 (4.40) を y で偏微分することで，$\frac{\partial J}{\partial y}$ を次のように計算できます．

$$\begin{aligned}
\frac{\partial J}{\partial y} &= -\#(x,z) \frac{\partial \log(\sigma(y))}{\partial y} - \#(x) \frac{\#(z)}{|\mathcal{V}(x)|} k \frac{\partial \log(\sigma(-y))}{\partial y} \\
&= -\#(x,z) \frac{1}{\sigma(y)} \sigma(y) \sigma(-y) + \#(x) \frac{\#(z)}{|\mathcal{V}(x)|} k \frac{1}{\sigma(-y)} \sigma(-y) \sigma(y) \\
&= -\#(x,z) \sigma(-y) + \#(x) \frac{\#(z)}{|\mathcal{V}(x)|} k \sigma(y) \\
&= -\#(x,z)(1 - \sigma(y)) + \#(x) \frac{\#(z)}{|\mathcal{V}(x)|} k \sigma(y) \qquad (4.41)
\end{aligned}$$

$\frac{\partial J}{\partial y} = 0$ とすることで最小点 y^* が次のように求まります．

$$-\#(x,z)(1 - \sigma(y)) + \#(x) \frac{\#(z)}{|\mathcal{V}(x)|} k \sigma(y^*) = 0$$

$$\exp(y^*) = \frac{|\mathcal{V}(x)| \#(x,z)}{k \#(x) \#(z)}$$

$$y^* = \log \left(\frac{|\mathcal{V}(x)| \#(x,z)}{k \#(x) \#(z)} \right)$$

$$y^* = \log \left(\frac{|\mathcal{V}(x)| \#(x,z)}{\#(x) \#(z)} \right) - \log k$$

$$y^* = \mathrm{PMI}(x,z) - \log k \qquad (4.42)$$

式 (4.42) は，誤差 J を最小化する y^* が x と z 間の点相互情報量から定数項を引いた形で表されることを意味します．式 (4.42) で表している量は**移動点相互情報量** (shifted pointwise mutual information, shifted PMI) と呼ばれています[*4]．こうして見ると，負例サンプリング付きの連続スキップグラムモデルで最適化している誤差関数は，分布的意味表現で使った単語同士の共起（この場合，点相互情報量で単語の共起の強さを評価しています）と似ていることが分かります．点相互情報量からの差分である $\log k$ は負例の割合に比例しています．特に，正例 1 個に対し，負例 1 個のみを使う場合は $k = 1$ となり，$\log k = \log 1 = 0$ であるため，式 (4.42) は点相互情報量と等しくなります．移動相互情報量を要素とする行列を分解することで対象語ベクトルと文脈語ベクトルを得ることができます．つまり，負例サンプリング付きの連続スキップグラムモデルは一種の行列分解手法として解釈できます．同様に，大域ベクトル予測モデルでは共起頻度の対数を要素とする行列を分解することで単語の意味表現が得られることが証明できます．

　上記の議論によって，負例サンプリング付きの連続スキップグラムモデルや大域ベクトル予測モデルは一種の行列分解手法として解釈できることが分かりましたが，どのような行列分解手法を適用すべきかは明らかではありません．また，連続単語袋詰めモデルはこのような行列分解手法として書き直すことができません．したがって，分散的意味表現の学習手法は必ずしも分布的意味表現の学習手法と完全に一致するわけではありません．特に，階層的ソフトマックスなど計算上の工夫まで考慮すると，負例サンプリング付きの連続スキップグラムモデルであっても上記の議論が成立しないことに注意してください．

4.10　まとめ

　ウェブデータに関する機械学習を行う際には，データ中に含まれている対象物（エンティティ）を何らかの方法で計算機が扱いやすい形式で表現する必要があります．そのため，本章では単語を具体例として一般的に概念の意味をどのように表現できるかについて解説しました．主に分布的意味表現と

[*4]　点相互情報量が負の場合にゼロに落としこむ，正点相互情報量 (positive pointwise mutual information, PPMI) を移動させることでより正確な意味表現が学習できます．

分散的意味表現という 2 種類の意味表現を紹介し，テキストデータから単語に関するそれぞれの意味表現をどのように学習できるかについて解説しました．分散的意味表現学習は今現在でも盛んに研究されている分野であり，より正確な意味表現学習手法が今後提案されることが期待されています．

Chapter 5

グラフデータの機械学習

> ウェブデータの特徴の1つに複数のデータがハイパーリンクを通じて繋がっていることが挙げられます。例えば、ウェブページのデータでは、複数のウェブページが互いにハイパーリンクによって接続しています。また、Twitter などのソーシャルメディアのデータでは、複数のユーザーが互いに友人関係によって接続しています。このようなさまざまなデータを統一的に扱う手段として、データの中身に立ち入らず、それらの繋がり方のみに着目して得られるグラフを考える、というものがあります。本章ではこのようにして得られるグラフデータに対する機械学習について解説します。

5.1 リンク構造に基づくデータマイニング

インターネット上にはたくさんのウェブページがあります。それらはテキストや画像などさまざまな種類のデータ（コンテンツ）を含んでおり、互いにハイパーリンクで結びついています。このような大規模なデータの集まりから重要な情報を選び出すのは、ウェブマイニングにおける最も基本的な処理です。

この処理を行うためには、大きく分けて2つのアプローチがあります。1つ目のアプローチはコンテンツの性質を活用して各ウェブページの重要度を計算するものです。具体的には、各ページの文章データに対して自然言語処理的手法を適用したり、画像データに対して画像処理的手法を適用します。

126　**Chapter 5**　グラフデータの機械学習

1990 年代のインターネットの検索エンジン，例えば AltaVista などは，こ
のアプローチに基づいて検索結果を整列していました．ところが，この方法
では複数の種類のコンテンツが混ざったページを正しく評価できない，日本
語のページと英語のページが混ざったウェブページの集合に対する検索エン
ジンを作るのが難しい，などの問題点がありました．そこで，2 つ目の手法
として，各ページの中身が何であるかは気にせず，各ページが他のデータと
どのように繋がっているかに着目して重要度を算出する手法が現れました．
ここでは，このような手法をリンク構造に基づく手法と呼びます．このアプ
ローチに基づく最も有名な手法は 1998 年に登場した**ページランク**と呼ばれ
るもので，後に詳しく説明します．

　リンク構造に基づくデータマイニングの最大の利点は，元々のデータが何
であっても，まったく同じように解析できる点です．例えば 2 章で紹介した
ソーシャルメディアにおけるネットワーク分析も，友人関係をリンク構造と
見なすことでウェブグラフを解析するのと同じ手法が適用できます．

　本章では，ウェブデータに対する主要なタスクである重要度検索と類似度
検索という 2 つの課題に注目して基本的な手法を解説します．

5.2　グラフの定義

　グラフ (graph) とは，頂点の集合 V と枝の集合 E の組 $G = (V, E)$ のこと
をいいます．枝は 2 つの頂点を繋ぐものであり，頂点 i から頂点 j に出る枝
を (i, j) で表します．ここで考えているグラフは，i から j に出る枝と j から
i に出る枝を区別しているため，厳密には**有向グラフ** (directed graph) と呼
ばれます．リンク構造に基づくデータマイニングの利点は，どのようなデー
タであっても，グラフとして表されていれば統一的な手法が適用できること
でした．逆にいえば，データからどのようにグラフを作るかの部分が，デー
タマイニングを行う人間の腕の見せ所となります．以下ではウェブデータか
ら作られる代表的なグラフをいくつか紹介します．

- インターネット上のウェブページの集合を考えます．頂点集合 V をウェ
  ブページの集合，枝集合 E をページ i から j にハイパーリンクがある場
  合に $(i, j) \in E$ となるものとして定義します．このグラフにおいて頂点

の重要度を計算することで，注目を集めているウェブページを発見したり，サーチエンジンにおける検索順序を決定したりすることができます．

- Twitter や Facebook などのオンラインソーシャルネットワークを考えます．頂点集合 V をユーザーの集合，枝集合 E をユーザー i が j をフォローしている場合に $(i,j) \in E$ となるものとして定義します．オンラインソーシャルネットワークに情報を流して口コミマーケティングを行うような場合には，このグラフにおいて重要度の高い頂点を見つけ，そのユーザーに情報を流してもらうと効率的に情報を拡散することが可能となります．

- Amazon などのオンラインショッピングサイトを考えます．頂点集合 V をユーザー全体と商品全体を合わせたものとし，枝集合 E をユーザー i が商品 j を購入した際に $(i,j) \in E$ と $(j,i) \in E$ となるものとして定義します．このグラフにおいて頂点の重要度を計算することで注目されている商品を見出すことができます．また類似度を計算することで，あるユーザーと好みの似ている別のユーザーを発見することができ，商品推薦に利用できます．

頂点 i から出る枝の本数のことを i の**出次数** (out degree) といい，outdeg(i) で表します．i に入る枝の本数のことを i の**入次数** (in degree) といい，indeg(i) で表します．出次数・入次数はグラフの頂点の性質を表現する最も基本的な性質です．例えばウェブグラフであれば，出次数の多い頂点はリンク集などのページであり，入次数の多い頂点は注目を集めているページだと考えられます．

以下では出次数・入次数を見るよりもより豊富な情報をグラフから取得することを考えていきますが，そのために線形代数の手法を用いるので，ここでグラフを行列で表す方法を見ておきます．頂点に適当に番号を付けて $V = \{1, 2, \ldots, n\}$ とします．グラフの**隣接行列** (adjacency matrix) $A = (a_{ij})$ は

$$a_{ij} = \begin{cases} 1 & (j,i) \in E \\ 0 & \text{それ以外} \end{cases} \tag{5.1}$$

として定義されます．添え字の順番が枝の向きと逆であることに注意してください．このように定義すると，A に第 k 成分のみが 1 であるベクトル e_k を作用させることで，k から移動できる頂点集合に 1 が立ったベクトルが得られるようになります．

グラフの**確率遷移行列** (probabilistic transition matrix) $P = (p_{ij})$ は

$$p_{ij} = \begin{cases} \frac{1}{\text{outdeg}(j)} & (j,i) \in E \\ 0 & \text{それ以外} \end{cases} \tag{5.2}$$

として定義されます．隣接行列と確率遷移行列の間には

$$P = AD^{-1} \tag{5.3}$$

という関係が成立します．ここで，D はグラフの出次数を対角要素に並べた行列 $D = \text{diag}(\text{outdeg}(1), \ldots, \text{outdeg}(n))$ です．

5.3　ページランク

グラフの各頂点について，その重要度を計算する問題を考えましょう．イメージを掴むため，以下ではウェブグラフを念頭において話を進めていきます．上で述べた通り，ウェブグラフにおいて入次数が高い頂点は多くのページからリンクが張られているページなので，重要なページだと考えられます．そのため，各頂点の入次数 $\text{indeg}(i)$ を重要度として割り当てることを思いつきます．入次数は簡単に計算できるため，非常に扱いやすい指標なのですが，より高品質な重要度指標が欲しい状況も多々あります．

入次数を重要度とする場合，各ページに張られているハイパーリンクはすべて同じ価値だと考えていることになります．これを拡張した考え方として，重要度の高いページからたくさんリンクが張られているページほど重要だ，とするものがあります．この考え方では，ある頂点の重要度を計算するために周囲の頂点の重要度を使っているので，循環的な定義となっていますが，これを連立方程式で表して解くことで，すべてのページの重要度を同時

に決定することができます.

この考え方に基づく最も基本的な重要度の指標がページランク (PageRank) [10] です.ページランクは Google の創始者である Brin と Page が開発した指標で,検索エンジンの基盤技術となっています.ページランクでは,ウェブブラウジングをしているユーザーの行動を以下のランダムウォークでモデル化しました.簡単のため,以下では出次数ゼロの頂点(行き止まりのあるページ)は考えないことにします.

- ユーザーは確率 α で現在の頂点の近傍にランダムに移動する(ページ上のリンクをクリックすることに相当).
- ユーザーは確率 $1 - \alpha$ でいずれかの頂点にランダムにジャンプする(アドレスバーに URL を入力することに相当).

α はモデルのパラメータで,経験上 $\alpha = 0.85$ という値が使われています.

ユーザの初期位置の分布を $x(0)$ とし,上記のルールに従って遷移した t ステップ後の分布を $x(t)$ とします.このとき「マルコフ連鎖におけるエルゴード定理」と呼ばれる定理によって,どのような初期分布からはじめても $x(t)$ が同じ分布 x に収束することが証明できます.この分布 x のことをページランクと呼びます.ページランクが高い頂点ほど多くのユーザーに訪問される頂点となっているので,より重要な頂点だろうと考えられます.

ページランクを計算するため,上の定義を行列を用いて表現しましょう.ページランクを定義するランダムウォークの確率遷移行列 G を**グーグル行列** (Google matrix) といいます.グーグル行列はグラフの確率遷移行列を用いて

$$G = \alpha P + \frac{1-\alpha}{n} E \tag{5.4}$$

と表現できます.ここで,E はすべての成分が 1 である行列であり,すべての成分が 1 であるベクトル $\mathbf{1}$ を用いて $E = \mathbf{1}\mathbf{1}^\top$ と表すことができます.ページランクを定めるランダムウォークの定義から

$$x(t+1) = Gx(t) \tag{5.5}$$

であり,t を無限大にすると

$$Gx = x \tag{5.6}$$

となります．この式は x がグーグル行列の固有値 1 に対応する固有ベクトルであることを意味します．

ページランクは連立方程式によって表すこともできます．式 (5.6) の G に式 (5.4) を代入して整理すると

$$x = \alpha P x + \frac{1-\alpha}{n} \mathbf{1} \tag{5.7}$$

という x に関する再帰的な式が得られます．これを整理すると

$$x = \frac{1-\alpha}{n}(I - \alpha P)^{-1}\mathbf{1} \tag{5.8}$$

となり，x の閉じた式が得られます．ここで，$I - \alpha P$ は $0 \leq \alpha < 1$ のときに正則となることに注意してください．

式 (5.7) からページランクの再帰的な意味づけが分かります．式 (5.7) の第 i 成分に注目すると

$$x_i = \alpha \sum_{(j,i)} \frac{x_j}{\text{outdeg}(j)} + \frac{1-\alpha}{n} \tag{5.9}$$

となります．この式は，ページランクでは頂点 i の重要度 x_i が，ほぼ，自分に入ってくる頂点たちの重要度を出次数の逆数で重み付けして足し合わせたものであることを意味します．次数の逆数で重み付けするのは，頂点 j が自分の重要度 x_j を周辺の頂点に等分配していることに相当します．このことから，ページランクが本節の冒頭で述べた重要度の再帰的な定義と一致していることが分かり，基本的には，入次数の高い頂点において高くなる傾向がある指標だと分かります．

さて，ページランクを計算する方法を考えましょう．x を求めるには連立線形方程式 (5.7) を解けば良いことが分かります．一般に，連立線形方程式を解くための手法には，ガウスの消去法のように有限回の計算で厳密解が得られる直接法と，解を少しずつ改善していく反復法がありますが，ウェブグラフのような大規模な系では基本的には反復法が用いられます．

最も基本的な反復法は**べき乗法** (power method) と呼ばれるもので，適当な初期ベクトル $x(0)$ からはじめて

$$x(t+1) = \alpha P x(t) + \frac{1-\alpha}{n}\mathbf{1} \tag{5.10}$$

という更新を必要な精度が得られるまで繰り返します．べき乗法は簡単に実装できる上に高速に収束するため広く利用されています．実際に，どの程度の速度で収束するかを見ておきましょう．式 (5.10) と式 (5.7) の差を取ると

$$x(t+1) - x = \alpha P(x(t) - x) \tag{5.11}$$

となるので，両辺の ℓ_1 ノルムをとれば

$$\| x(t+1) - x \|_1 = \alpha \| x(t) - x \|_1 = \alpha^{t+1} \| x(0) - x \|_1 \tag{5.12}$$

となります．これは ℓ_1 誤差が α の指数関数のオーダで減少することを意味しています．例えば，$\alpha = 0.85$ で ℓ_1 誤差を 10^{-8} 以下にしようと思った場合，$x(0) = 0$ から開始すれば $t \geq -8\log(10)/\log(0.85) \approx 113.4$ となるので，およそ 114 回反復すれば必要な精度の解が得られることが分かります．

5.4 パーソナライズド・ページランク

　ページランクでは，ユーザーがランダムにジャンプする先はすべてのページで一様でした．しかし，これはあまり現実的な仮定ではありません．各頂点 $i \in V$ にジャンプする確率 b_i を事前に与え，ランダムウォークのルールを

- ユーザーは確率 α で現在の頂点の近傍にランダムに移動する．
- ユーザーは確率 $1 - \alpha$ でいずれかの頂点 i に確率 b_i でジャンプする．

と修正したものを**パーソナライズド・ページランク** (personalized PageRank) [30] といいます．b は**パーソナライズドベクトル** (personalized vector) と呼ばれており，解きたい課題に応じて設定します．パーソナライズドベクトルのすべての成分が $1/n$ のベクトルである場合が通常のページランクです．また，ある頂点 k のみ 1 のベクトルである場合を**リスタート付きランダムウォーク** (random-walk with restart) と呼びます．パーソナライズドベクトルをどのように設計するかがパーソナライズド・ページランクでは重要となりますが，後で 1 つの例を紹介します．

132　**Chapter 5**　グラフデータの機械学習

　パーソナライズド・ページランクもページランクと同じく行列を用いて表現できます．パーソナライズド・グーグル行列 G を

$$G = \alpha P + (1 - \alpha)b\mathbf{1}^\top \tag{5.13}$$

と定義します．すると

$$x(t + 1) = Gx(t) \tag{5.14}$$

となり，t を無限大にすれば

$$x = Gx \tag{5.15}$$

を得ます．これが固有値問題に基づく表現です．また，上式を書き下すと

$$x = \alpha Px + (1 - \alpha)b \tag{5.16}$$

となり，整理すると

$$x = (1 - \alpha)(I - \alpha P)^{-1}b \tag{5.17}$$

となります．これが線形方程式に基づく表現です．

　パーソナライズド・ページランクも，基本的には通常のページランクと同じ性質をもっており，重要度の高い頂点から多くのリンクを受けている頂点の重要度が高くなります．また，作り方からパーソナライズドベクトルの値が大きな頂点ほど大きくなることも分かります．このことから，パーソナライズド・ページランクは一種の半教師あり学習であり，頂点固有の重要度 b からグラフ全体の構造を計算する過程だと見ることができます．

　パーソナライズド・ページランクも通常のページランクと同様にべき乗法で計算でき，収束速度についても同様の結果が得られます．

5.5　ラベル拡散法

　パーソナライズド・ページランクと密接に関連する概念に，グラフ上の半教師付き学習手法である**ラベル伝播法** (label propagation) と**ラベル拡散法** (label spreading) があります．ここではこれらの関係について議論します．

　ラベル伝播法・ラベル拡散法では一般に重み付きの無向グラフ $G = (V, E)$

を考えます。A を重み付きの隣接行列とします。グラフ上のいくつかの頂点 $S \subseteq V$ に対して実数値 c_i $(i \in S)$ が割り当てられているとき、グラフ全体の頂点に対する値を決定するのが目的となります。

まずラベル伝播法から見ていきます。ラベル伝播法では隣り合う頂点同志のラベルは近いだろう、という考えに基づき、全体のラベル y を次の最適化問題を解くことで計算します。

$$\begin{aligned} \text{minimize} \quad & \tfrac{1}{2}\sum_{(i,j)\in E} w_{ij}(y_i - y_j)^2 \\ \text{subject to} \quad & y_k = c_k \quad (k \in K) \end{aligned} \tag{5.18}$$

ラベル伝播法では全体のラベルを

$$y(t+1)_k = \begin{cases} c_k & k \in K \\ (Py(t))_k & k \notin K \end{cases} \tag{5.19}$$

という反復式によって決定します。

ラベル拡散法では、全体のラベル f を

$$f = \alpha D^{-1/2} A D^{-1/2} f + (1-\alpha)c \tag{5.20}$$

という方程式を満たすように定めます。式 (5.20) において $f = D^{-1/2}x$ と変換してみます。すると

$$x = \alpha P x + (1-\alpha)b \tag{5.21}$$

となります。ここで $D^{-1} = P$ という関係を利用し、$D^{-1/2}c = b$ とおきました。こうして得られた式 (5.21) はパーソナライズド・ページランクの式 (5.16) と一致しています。このことから、パーソナライズド・ページランクはラベル拡散法の b が確率ベクトルとなる特殊ケースだということが分かります。

5.6 チェイランク

枝の向きをすべて反転したグラフにおけるページランクを**チェイランク** (CheiRank) といいます。ページランクは基本的には入次数の高い頂点において高くなる指標ですが、チェイランクは逆に出次数の高い頂点において高

134　**Chapter 5**　グラフデータの機械学習

くなる指標といえます．このことを踏まえ，考えている問題次第でページランクとチェイランクのどちらを使うかを決めることになります．

x軸にページランク，y軸にチェイランクを描き，分布を観察するのはネットワーク構造を理解するための1つの方法です．

5.7　ページランクの応用例：スパムページの検出

ウェブページの中には，無意味な検索キーワードを大量に含めたり，大量のリンクを張ることで，ユーザーを集めるものがあります．そのようなページは**スパムページ** (spam page) と呼ばれています．スパムページはスパムページ同士でリンクを張り合うことで不当にページランクを高くするため，検索結果の上位に表示されてしまい，ユーザーにとって検索の邪魔になります．このようなスパムページの集まりを**リンクファーム** (link farm) と呼びます．

スパムページを検出し除去することは検索エンジンにおける重要な課題であり，さまざまな手段が提案されてきました．そのうちの1つとして，ページランクが応用されているものがあります．以下ではこの手法を簡単に解説します．

まず，明らかに信頼できる少数のページ，例えば官公庁や大学のページをリストアップし，これらのページに戻る確率が正となるようなパーソナライズドベクトルを設定してパーソナライズド・ページランクを計算します．こうして得られたものを**トラストランク** (trust rank) [26] といいます．これは信頼度の高い頂点から訪問しやすい頂点ほど高くなる指標なので，高い頂点は信頼できるページだろうと考えられます．

また，明らかに信頼できない少数のページをリストアップし，それらのページに戻る確率が正となるようなパーソナライズドベクトルを設定してパーソナライズド・チェイランクを計算します．こうして得られたものを**アンチトラストランク** (anti trust rank) [33] といいます．これは信頼度の低い頂点に訪問させやすい頂点ほど高くなる指標なので，高い頂点は信頼できないページだろうと考えられます．

ウェブスパムの検出では，これらのリンクベースの手法と自然言語処理などの素性を用いた手法を組み合わせるのが一般的となっています．

5.8 HITS

　ページランクに似た概念に **HITS** [32] というものがあります．HITS はページランクとほぼ同時期に Kleinberg によって提案され，2001 年からウェブ検索エンジンの Teoma において採用されています．

　ページランクは入次数の高い頂点，すなわち情報の多いページを高く評価する指標であり，チェイランクは出次数の高い頂点，すなわち品質の良いリンク集を高く評価する指標でした．HITS はこれらを同時に評価するため，ページとしての価値を表すオーソリティスコア x，リンク集としての評価を表すハブスコア y を導入し次のように定義します．まず，高いオーソリティスコアをもつページにリンクを出しているページほど高いハブスコアをもつべきと考えて

$$y = \frac{1}{\alpha} A x \tag{5.22}$$

が成り立つとします．ここで，α は適当な正規化定数です．同様に，高いハブスコアをもつページからリンクを受けているページほど高いオーソリティスコアをもつべきと考えて

$$x = \frac{1}{\beta} A^\top y \tag{5.23}$$

が成り立つとします．ここで，β は適当な正規化定数です．これらの関係式を満たす x, y は一般に複数ありますが，HITS アルゴリズムでは，その中の 1 つを次のように計算します．適当な初期値 $x(0)$ から開始し，解の列 $x(1), x(2), \ldots, y(1), y(2), \ldots$ を

$$y(t+1) = A x(t) / \parallel A x(t) \parallel , \tag{5.24}$$

$$x(t+1) = A^\top y(t+1) / \parallel A^\top y(t+1) \parallel \tag{5.25}$$

として計算します．すると，この反復は収束し，収束したときに得られたものをグラフのオーソリティスコア・ハブスコアと定義します．

　オーソリティスコア・ハブスコアを行列の言葉で特徴づけておきましょう．反復式を 2 回適用して x のみの反復式を作ると

136 **Chapter 5** グラフデータの機械学習

$$x(t+1) = A^\top Ax(t)/ \parallel A^\top Ax(t) \parallel \tag{5.26}$$

となります．これは適当なベクトル $x(0)$ に半正定値行列 $A^\top A$ を繰り返し作用させる処理であり，行列の最大固有値を求めるべき乗法と呼ばれるアルゴリズムに一致します．べき乗法では x は $A^\top A$ の最大固有ベクトルに収束することが知られています．同様にして，y は $AA^\top$ の最大固有ベクトルとなります．これは，x, y がそれぞれ A の最大特異値に対する右特異ベクトル，左特異ベクトルであることと同値となります．

　検索エンジンにおいて HITS アルゴリズムを適用する場合，グラフ全体でなくグラフの一部分に対して適用されることが多くなります．まず検索キーワードを含むページをすべて列挙します．これらは良いオーソリティであることを期待します．続いて，これらのページに対してリンクを張っているページを列挙します．これらは良いハブであることを期待します．これらから作られる部分グラフに対して上述のアルゴリズムが適用されます．

5.9　シムランク

　ページランクや HITS はグラフ上の各頂点の重要度を計算する手法であり，検索エンジンの表示順序を求めるための手法でした．これに対し，**シムランク** (SimRank) [29] はページの類似度を計算するための手法で，例えば関連ページを検索するためなどに利用します．シムランクもページランクと似た構造をもっています．

　頂点 i と j のシムランクを $s(i,j)$ とします．類似度なので，自分自身とのシムランクは $s(i,i) = 1$ と定義します．

　次に，相異なる 2 つの頂点 i, j の類似度を考えます．このときページランクと同様の発想で，i に入ってくる頂点たちと，j に入ってくる頂点たちの類似度が高いときに i と j の類似度も高い，として定義することを考えます．このことを再帰的に

$$s(i,j) = \frac{\alpha}{\text{indeg}(i)\text{indeg}(j)} \sum_{(i',i)\in E, (j',j)\in E} s(i',j') \tag{5.27}$$

と定義します．ここで α は減衰係数で，通常 $\alpha = 0.6$ が使われます．

シムランクはランダムウォークで解釈することもできます．頂点 i と j からスタートするランダムウォークのペアを考えます．各ランダムウォークは現在の頂点に入ってくる頂点にランダムに移動するものとします．このとき，2つのランダムウォークがはじめて出会うまでの時間（**ファーストミーティングタイム** (first meeting time)）を $\tau(i,j)$ とすると，シムランクは

$$s(i,j) = \mathbb{E}[\alpha^{\tau(i,j)}] \tag{5.28}$$

を満たします．

シムランクは特殊なグラフにおけるラベル伝播法と見ることができます．グラフ $G = (V,E)$ に対して新しいグラフ $G^2 = (V^2, E^2)$ を次のように定義します．頂点集合 V^2 は V の組です．枝集合 E^2 は $(i,i') \in E$ かつ $(j,j') \in E$ のとき，$((i,j),(i',j')) \in E^2$ とします．すると，シムランクはこのグラフにおけるパーソナライズド・チェイランクとなります．

シムランクは非常に大きなグラフに対するページランクなので，大きな計算量が必要となることが問題となっており，現在でも効率的なアルゴリズムの開発が求められています．

5.10　まとめ

本章ではウェブデータの繋がり方に注目し，グラフと見なして解析する手法として，ページランクなどの手法を紹介しました．これらの手法は，解析したいデータをグラフとして表現するだけで共通して適用できる汎用的な手法といえます．もちろん，実際のアプリケーションでは，データをどのようにグラフとして表現するかを考えなければなりませんが，データをどのように表現するかと，データをどのように解析するかを切り分けて考えられるのは大きな利点といえるでしょう．

最後に，最近の検索エンジンなどでは，リンク構造だけから定まるページランクなどの指標と，各ページのコンテンツ情報を組み合わせて活用するのが一般的となっています．この部分は実際のアプリケーションに依存する部分なので，一般的な研究結果は少なく，今後の研究が期待されます．

Chapter 6

順序学習

人間が自ら読んで理解できる情報の量は，読むために使える時間の関係で限られています．そのため，ウェブのような膨大な情報源から情報を探す場合，情報の重要性や関連性を考慮し，重要度や関連性の高いものから低いものへ順序付けを行い，ユーザーに提示する必要があります．情報を順序付ける手法や順序を学習する手法は，ウェブ検索エンジンの検索結果を提示する場合，推薦システムでユーザーの好みに合わせて商品を提示する場合などさまざまな場面で必要となります．本章では，順序学習の手法をウェブ検索エンジンの検索結果を順序付ける手法を例に解説します．

6.1 検索エンジンと順序学習

我々はウェブという膨大な情報源から必要な情報を検索するためにウェブ検索エンジンを日常的に使っています．ウェブ検索エンジンの場合はユーザーが入力した検索クエリに関連するウェブページをウェブ全体から瞬時に探し出し，クエリとの関連性の高いものから低いものへとウェブページの順序付けを行い，提示しています．もはやウェブ検索の基本的な問題は検索対象とする情報がウェブ上に存在しないということではなく，大量に存在する関連しない情報の中から必要とする情報を見つけてユーザーに提示することといっても過言ではありません．必要とする情報を見つけたとしてもそれが上位数件の検索結果の中にランク付けられていない場合，ほとんどのユー

ザーがその情報に気づきません．検索エンジンが関連する結果をいかに上位
数件の検索結果の中に含めているかが，ユーザーがその検索エンジンが使い
やすいかどうかを決める重要な要因となっています．そのため，ウェブ検索
エンジンの検索結果の順序付けに関する機械学習の研究が盛んに行われてき
ました．本章ではこれらの順序学習のアルゴリズムの代表例を紹介します．

　順序を学習するのはウェブ検索エンジンに限られた問題ではありません．
ウェブにおけるさまざまなタスクで最適な順序を学習しなければならない
場合があります．例えば，オンラインショッピングサイトで商品を探すユー
ザーを考えましょう．このユーザーは自分が探す商品に関する評判を読ん
で，その商品を購入すべきかどうかを判断しているとしましょう．すでに3
章で説明した通り，評判分類器を学習することで文書で書かれた評判情報が
良い評判なのか，あるいは悪い評判なのか学習することができます．しかし，
それでも数百件以上の良い評判と同数の悪い評判がある場合，それらをすべ
て読んでから購入するかどうかの意思決定をすることは時間上不可能でしょ
う．そのため，多数の評判情報の中からそのユーザーに関連するもののみを
その関連性の順番で順序付けて提示する必要があります．

　推薦システムでは，過去にあるユーザーが購入した商品からそのユーザー
の好みを学習し，そのユーザーがまだ購入していないが興味があるかもしれ
ない関連商品を推薦します．このタスクもまた順序学習の問題として見るこ
とができます．ウェブ検索エンジンではユーザーが入力したクエリに対し関
連するウェブページを順序付けて提示していますが，推薦システムではある
ユーザーに対しそのユーザーが好むであろう商品を順序付けて提示していま
す．情報検索エンジンと推薦システムはウェブユーザーが良く使うものなの
で，順序学習はウェブにおける重要な機械学習の応用といえます．

　本章の構成は次のようになります．まず，6.2節では静的順序と動的順序
の違いを説明します．6.3節ではウェブページの動的順序学習で広く用いら
れている素性を紹介します．動的順序学習手法は大きく3つのアプローチ
に分けることができます．それぞれのアプローチを本章では点順序学習手法
（6.5節），対順序学習手法（6.6節）とリスト順序学習手法（6.7節）として
呼ぶことにします．これらのアプローチそれぞれに関して代表的な学習アル
ゴリズムを1つ選んで詳しく解説します．

6.2 静的順序と動的順序

順序付け問題を定義するために，ある検索クエリ q に関連する文書集合を $\mathcal{D}(q) = \{d_1, d_2, \ldots, d_n\}$ で表すことにしましょう．ここで，$d_1, d_2, \ldots, d_n$ はクエリ q に関連する n 個の文書を表します．任意の 3 個の文書 $d_i, d_j, d_k \in \mathcal{D}(q)$ に対し，次の 3 つの条件がすべて成立する場合，$\mathcal{D}(q)$ に対し，**全順序** (total ordering) が成り立つと定義します．

1. 反対称律：$d_i \succ d_j$ かつ $d_j \succ d_i$ ならば $d_i = d_j$.
2. 推移律：$d_i \succ d_j$ かつ $d_j \succ d_k$ ならば $d_i \succ d_k$.
3. 完全律：$d_i \succ d_j$ または $d_j \succ d_i$ のいずれかが必ず成り立つ.

ここでは $d_i \succ d_j$ は d_j を d_i より後に順序付けなければならないことを意味します．

5 章でウェブページをその重要度によって順序付けを行うための手法を解説しました．しかし，そこではウェブページの順序付けを行う際にユーザーが入力した検索クエリ q を無視していました．ユーザーが入力した検索クエリと無関係にウェブページを順序付けする手法を**静的順序付け** (static ranking) と呼びます．静的順序はユーザーが入力する検索クエリによって変わらず，ウェブページ間のリンク構造やウェブページそのものに含まれている情報のみによって決まります．5 章で紹介した PageRank は静的順序を求めるために提案されている有名な手法です．

それに対し，ユーザーが入力する検索クエリとウェブページの情報を両方考慮してウェブページの順序を求める手法を**動的順序付け** (dynamic ranking) と呼びます．つまり，動的順序では，あるウェブページ d のランクを返す関数 $f(q, d)$ はクエリ q とウェブページ d の両方を引数として取ります．関数 f は**ランク関数** (ranking function) と呼ばれています．本章で紹介する順序学習のアルゴリズムはいずれもこの動的順序に関するランク関数を，与えられた学習データの中から学習するものです．6.3 節で説明するように，動的順序学習手法では学習に使う素性の 1 つとして静的順序が使われます．

142　**Chapter 6**　順序学習

したがって，静的順序は動的順序の特殊な場合として見ることができます．

6.3　順序学習のための素性

　順序を学習するための学習データをどのように集めるかが，順序学習を行う際にまず最初に考えなければならない問題です．3章で紹介した通り，評判分類器を学習するためには人間が書いた評判レビューが必要でしたが，そのような評判のラベル付きレビューはオンラインショッピングサイトなどから容易かつ大量に集めることができました．しかし，順序学習の場合は複数の人間が同じ集合に対して全順序を付けた学習データを集めなければならず，容易ではありません．例えば，我々はウェブ検索エンジンを使って情報を検索する場合，何らかのクエリ q を入力し，提示される膨大な検索結果の中から数個のページを実際に見ますが，検索結果全体を全順序付けることはしません．また，オンラインショッピングサイトで買い物をする場合を考えましょう．1人のユーザーに対し，複数の商品が推薦されることが一般的ですが，ほとんどの場合，その推薦された商品の中から1点を購入するか，どれも購入しないか程度です．したがって，順序学習を行うための学習データを直接的に集めることは難しく，間接的に集める必要があります．

　ウェブ検索エンジンの場合，検索結果の順序学習に必要な学習データを間接的に集める手法の1つに**クリックデータ** (click-through data) があります．この手法では，検索エンジンがユーザーがどのキーワードを入力し，提示されたページの中でどのページを実際にクリックしたかを検索エンジンが記録します．例えば，クエリ q に対し，$d_1 > d_2 > d_3$ の順番に3つのウェブページ d_1, d_2, d_3 が提示されたとします．さらに，ユーザーが d_1 をクリックせずに，d_2 のみをクリックしたとします．その場合，検索エンジンがこのユーザーは d_1 よりも d_2 を好んでいると解釈します．そして，多数のユーザーが同じクエリ q を入力し，同じように d_2 のみをクリックすれば，検索エンジンが d_1 より d_2 が上位にランク付けられるようにランク関数を学習し直します．つまり，$f(q, d_2) > f(q, d_1)$ となるようにランク関数 f のパラメータを調整します．ウェブ検索エンジンは多数のユーザーによって常に使われているので，クリックデータを集めることで順序学習を行うために必要な学習データを容易に集めることができます．

表 6.1 LETOR データセットで使われている素性.

素性の種類	素性名	素性数
低次の素性	TF (出現頻度) [2]	4
	IDF (逆文書頻度) [2]	4
	文書の長さ（トークン数) [2]	4
	tfidf [2]	4
高次の素性	BM25 [50]	4
	LMIR [62]	9
リンク構造に基づく素性	ページランク [46]	1
	トピックに基づくページランク [44]	1
	HITS [32]	2
	トピックに基づく HITS [44]	2
	ホストランク [60]	1
複合的な素性	リンク構造に基づく関連伝播 [52]	6
	サイトマップに基づく関連性伝播 [49]	2
合計		44

　検索結果の順序学習を行うために広く使われているデータセットの 1 つに Microsoft 研究所が公開している LEarning TO Rank (LETOR) データセット[*1]があります．また，検索結果の順序学習手法を同じ学習データセットで学習させ，競い合うコンテストとして Yahoo!による Yahoo! learning to rank challenge [15] が挙げられます．このようなベンチマークデータセットには，ある検索クエリ q と文書 d からなる学習事例 (q, d) が複数の素性を使って表現されています．**表 6.1** に LETOR のデータセットで使われている素性をまとめてあります．

　表 6.1 で示す通り，LETOR 2003 と 2004 データセットには 44 個の素性が登録されています．これらの素性はクエリ q と文書 d に関するさまざまな情報に基づいています．表 6.1 で低次の素性として書かれている **TF** (term frequency) は，q が d 内で何回出現しているかという q の**出現頻度**です．q が d 内で多数出現していれば d は q に関連が深い文書であると予想できます．さらに，q が d のみではなく，さまざまな文書で出現している一般的な単語であれば，q が d 内で多数出現しているからといって q と d の関連性が高いとはいえません．このことを定量的に評価するために，q を含む文書の数の

---

　*1　http://research.microsoft.com/en-us/um/beijing/projects/letor/

144　**Chapter 6**　順序学習

逆数を素性として用いることができます．表 6.1 で **IDF** (inverse document frequency) として書かれているのは，その**逆文書頻度**です．TF と IDF 両方が高ければ高いほど q と d の間の関連性が高くなるので，これらの素性の掛け算をしたものである **tfidf** を LETOR データセットで素性として用いています．q は d の本文中に出現しているか，見出しで出現しているか，d へまたは d からのアンカーテキストで出現しているかによってそれぞれ 4 種類の素性を計算することができます．実際に計算されている素性の数は表 6.1 の 3 列目に書かれています．

　表 6.1 で高次の素性として挙げられているのは，複数の低次の素性を組み合わせることで作成されている素性です．**BM25**（BM は best matching の略）は Okapi 情報抽出システムで使われていた順序付け指標です．BM25 は文書の構造や長さなどを考慮しています．**LMIR** (language model smoothing for information retrieval) は自然言語処理で広く使われている言語モデル構築の際に使われている平滑化の手法を情報抽出に応用して作られた順序付け指標です．ページランクや **HITS** についてすでに 5 章で説明しました．トピックに基づくページランクや HITS は似たようなトピックに関する文書をグループ化し，そのグループごとにページランクと HITS 値を計算しています．**ホストランク**ではウェブページ単位ではなく，そのウェブページがおかれているホストサーバー（ドメイン）ごとにページランクが計算されています．LETOR データセットでは上述した高次の素性をさらに組み合わせる，伝播させるなどで複合的な素性が作成されています．

　どのような素性を使って順序学習に使う学習データを表現すべきかは，ドメインに強く依存している問題です．表 6.1 はウェブ検索エンジンでユーザーが入力したクエリに対し，得られた検索結果を順序付ける際に広く使われている素性をまとめていますが，オンラインショッピングサイトなどではユーザーの過去の購入履歴などに基づいて順序学習で使う素性を計算します．本章では，学習対象のデータが何らかの素性を使ってすでに表されているものとし，その素性を使って実際にどのように順序学習を行うかについて解説します．

6.4 順序学習手法の分類

あるクエリ q に関連する n 個の文書が $d_1 \succ d_2 \succ \ldots d_n$ の順番に順序付けられているとします。さらに，クエリ q と文書 d は m 個の素性を使って表現できているとし，(q,d) に関する素性を素性ベクトル $\phi(q,d)$ を使って m 次元の実ベクトルとして表すことにします。例えば，表 6.1 では $m = 44$ 個の素性を使って LETOR データセットの学習事例を表現しています。ここで，クエリ q に対し文書 d がどの順位に順序付けられるかを決めるランク関数を $f(q,d)$ で表します。また，ランク関数 $f : \mathbb{R}^m \mapsto \mathbb{R}$ は (q,d) に関して実数値のスコアを返すものとして定義します。例えば，$f(q,d_i) > f(q,d_j)$ であれば $d_i \succ d_j$ という順番で d_i と d_j を順序付けることができます。そうすると，順序学習問題はこのランク関数 f の形を決める問題として定義することができます。

f を学習する際に，q に対して $d_1, d_2, \ldots, d_n$ が $d_1 \succ d_2 \cdots \succ d_n$ の順序で並べられているという情報をどのように使うかによって，順序学習手法を点順序学習手法，対順序学習手法，リスト順序学習手法の 3 つに分類することができます。

点順序学習手法 (pointwise rank learning approach) では，与えられた (q,d) ペアを $\{1, 2, \ldots, n\}$ という n 個の整数からなる集合の中のどれかの要素に対応付ける射影として f を学習します。これは (q,d) ペアに対して整数を予測する回帰学習問題として見ることができます。6.5 節で点順序学習アルゴリズムの 1 つである PRank について解説します。

点順序学習ではそれぞれの文書 d_i を独立に扱い，$f(q,d_i)$ を計算していますが，この整数回帰は難しい学習問題です。なお，すべての文書に対して整数ランクが予測できなくても文書 d_i を別の文書 d_j より先に順序付けなければならないといった半順序制約さえ学習できれば十分な場合があります。例えば，ウェブ検索エンジンでクリックデータを集める際にクリックしなかった文書より先にクリックした文書が順序付けられていれば良く，クリックしなかった文書同士を比較し，そこから学習する必要がありません。つまり，$d_i \succ d_j$ であれば $f(q,d_i) > f(q,d_j)$ となるようにランク関数 f を学習でき

146　　**Chapter 6**　順序学習

れば十分です.

　対順序学習手法 (pairwise rank learning approach) ではこのような半順序制約を満たすような順序学習を行っています. 6.6 節で対順序学習アルゴリズムの 1 つである RankNet について解説します.

　点順序学習は個別に文書に対して整数ランクを予測しており, 対順序学習では 2 つの文書のみを同時に扱って順序学習を行っています. しかし, ウェブ検索エンジンのユーザーが最終的に必要としているのは k 個の文書すべてからなる全順序です. 整数ランクを予測したり, 半順序を予測したりするだけでは, 必ずしも矛盾が存在しない全順序が作成できる保証がありません. そこで, 全順序付けられている文書のリスト全体を使って順序学習を行う**リスト順序学習手法** (listwise rank learning approach) が提案されています. 6.7 節でリスト順序学習アルゴリズムの 1 つである ListNet について解説します.

6.5　点順序学習手法

　点順序学習手法では, あるクエリ q に関連した文書 $d_1, d_2, \ldots, d_n$ が与えられている場合, それぞれの文書に対し, 整数集合 $\{1, 2, \ldots, n\}$ の中からその文書のランクを表す整数値を出力するランク関数 $f(q, d)$ を学習することを目的とします. したがって, 点順序学習は**整数回帰** (ordinal regression problem) の一種として見ることができます. 本節では**パーセプトロン** (perceptron) 分類器学習手法を使って, 点順序学習を行う **Perceptron Ranking (PRank)**[16] を紹介します[*2].

　学習データとして学習事例 $\boldsymbol{x}^{(l)} \in \mathbb{R}^m$, とその学習事例に関するランク $y^{(l)} \in \mathcal{Y} = \{1, 2, \ldots, n\}$, からなる事例集合 $\mathcal{D}_{\text{train}} = \{(\boldsymbol{x}^{(1)}, y^{(1)}), \ldots, (\boldsymbol{x}^{(L)}, y^{(L)})\}$, が与えられているとします. 例えば, 学習データとしてそれぞれのクエリ q に関連する文書が $d_1 \succ d_2 \cdots \succ d_n$ の順番に並べられているリストで与えられている場合, $\boldsymbol{x} = \phi(q, d_i)$ で $y = i$ として学習事例 $(\boldsymbol{x}, y)$ を作成できます. つまり, ウェブ検索結果の順序学習の場

　[*2]　PRank が提案された論文のタイトルは pranking to ranking です. ところで, prank という英語の動詞は「いたずら」という意味をもっており, 論文のタイトルを決める際の著者の遊び心を感じます.

合はクエリとウェブページからなるペアを素性関数 ϕ を使って m 次元の素性ベクトルとして表すことができ，そして得られる素性ベクトルを学習に使うことができます．さらに，q に関して順序付けた場合，d_i が i 番目の順位に付くとすると，$y = i$ となります．無論，異なるクエリに関連する文書とそのクエリをペアにすることはできません．

点順序学習では，テスト時に事例 $x \in \mathbb{R}^m$ に対して，そのランク y を予測する必要があります．そのため，まず，x と重みベクトル $w \in \mathbb{R}^m$ との内積 $w^\top x$ を求めます．次に，この内積を実数値列 $b_1 \leq b_2 \leq \cdots \leq b_{n-1} \leq b_n = \infty$ で定義される連続する実数値区間に分類します．例えば，$b_{r-1} < w^\top x < b_r$ であれば x のランクは r となります．すなわち，事例 x に関して予測されるランク $H(x)$ を次で与えられます．

$$H(x) = \min_{r \in \mathcal{Y}} \ \{r : w^\top x - b_r < 0\} \tag{6.1}$$

重みベクトル w の i 番目の要素 w_i は i 番目の素性が順序を学習するためにどれくらい重要なのかを表します．なお，区切り点 $b_1, b_2, \ldots, b_n$ は $w^\top x$ を離散化し，どのランクを付けるかを決めています．b_n は常に無限大に固定されていますので，学習すべき区切り点は $b_1, b_2, \ldots, b_{n-1}$ の $(n-1)$ 個です．これらの区切り点をまとめて区切りベクトル $b = (b_1, b_2, \ldots, b_{n-1})$ として表すことにします．点順序学習では重みベクトル w と区切りベクトル b が学習すべきパラメータです．図 **6.1**(a) に区切り点と内積 $w^\top x$ の間の関係を示します．

ある区間 $[b_{r-1}, b_r]$ において，学習事例 (x, y) が正しく順序付けられているかどうかを表す仮想変数 y_r を導入しましょう．例えば，事例 x のランクが y なので，x が正しく順序付けられるためには $r = 1, 2, \ldots, y-1$ に関して $w^\top x - b_r > 0$ でなければなりません．一方，$r = y, y+1, \ldots, n-1$ に関して $w^\top x - b_r < 0$ でなければなりません．仮想変数 y_r はこの不等式を表しており，$r = 1, 2, \ldots, y-1$ の場合，$y_r = 1$ となり，$r = y, y+1, \ldots, n-1$ の場合，$y_r = -1$ となります．つまり，x が正しく順序付けられている場合，すべての $r = 1, 2, \ldots, n-1$ に関して，$y_r(w^\top x - b_r) \geq 0$ という条件が成り立ちます．

図 6.1(b) はある学習事例が現在の重みベクトル w と区切り点ベクトル b で正しく順序付けられていない場合を示しています．つまり，x の正しいラ

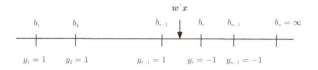

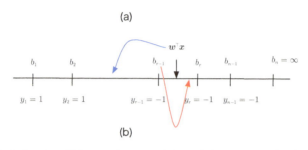

図 6.1 (a) は PRank で事例 x に関するランクを決める方法を示しています．内積 $w^\top x$ が区間 $[b_r, b_{r-1}]$ に含まれていれば，x のランクが r となります．x が正しく順序付けられている場合，$w^\top x$ より左にある仮想変数 y_r が $+1$ となり，それより右にある仮想変数が -1 となります．(b) は学習事例 x のランクが r より小さかった場合，重みベクトル w と区切り点ベクトル b がどのように更新されるかを示しています．仮想変数 y_{r-1} が -1 なので区切り点 b_{r-1} を右に調整させ，内積 $w^\top x$ が左に移動されるように重みベクトル w を調整します．

ンクが r であるにも関わらず，それが $(r-1)$ としてランク付けられています．この誤りを正すには 2 通りの調整が可能です．まず，区切り点 b_{r-1} を $w^\top x$ より右に来るように移動させます．あるいは内積 $w^\top x$ が b_{r-1} より左に来るように w を変更します．PRank はこの両方の調整を同時に行っています．そのために，何回移動する必要があるかは，仮想変数 y_r の値の合計で決まります．具体的には $y_r(w^\top x - b_r) \leq 0$ となる y_r に関して，b_r を次に従って更新します．

$$b_r \leftarrow b_r - y_r \tag{6.2}$$

同様に，重みベクトル w は次に従って更新します．

$$w \leftarrow w + x \left(\sum_{r \in \{r : y_r(w^\top x - b_r) \leq 0\}} y_r \right) \tag{6.3}$$

PRank の擬似コードを**アルゴリズム 6.1** にまとめます．

6.5 点順序学習手法 149

アルゴリズム 6.1 PRank を使って順序学習を行う場合の擬似コード

入力: 学習事例 $(\boldsymbol{x}, y)$ からなる学習データセット $\mathcal{D}_{\text{train}}$，反復回数 T.
出力: 重みベクトル $\boldsymbol{w}$ と区切り点ベクトル $\boldsymbol{b} = (b_1, b_2, \ldots, b_{n-1})$.

1: 　初期化 : $\boldsymbol{w} = \boldsymbol{0}$, $b_1 = b_2 = \cdots = b_{n-1} = 0$, $b_n = \infty$.
2: **for** $t = 1, 2, \ldots, T$ **do**
3: 　**for** $(\boldsymbol{x}, y) \in \mathcal{D}_{\text{train}}$ **do**
4: 　　$\hat{y} = \min_{r \in \mathcal{Y}}\{r : \boldsymbol{w}^\top \boldsymbol{x} - b_r < 0\}$
5: 　　**if** $\hat{y} \neq y$ **then**
6: 　　　**for** $r = 1, \ldots, n - 1$ **do**
7: 　　　　**if** $y \leq r$ **then**
8: 　　　　　$y = -1$
9: 　　　　**else**
10: 　　　　　$y = 1$
11: 　　　　**end if**
12: 　　　**end for**
13: 　　　**for** $r = 1, \ldots, n - 1$ **do**
14: 　　　　**if** $y(\boldsymbol{w}^\top \boldsymbol{x} - b_r) \leq 0$ **then**
15: 　　　　　$\tau_r = y_r$
16: 　　　　**else**
17: 　　　　　$\tau_r = 0$
18: 　　　　**end if**
19: 　　　**end for**
20: 　　　$\boldsymbol{w} \leftarrow \boldsymbol{w} + \left(\sum_r \tau_r\right) \boldsymbol{x}$
21: 　　　**for** $r = 1, \ldots, n - 1$ **do**
22: 　　　　$b_r \leftarrow b_r - \tau_r$
23: 　　　**end for**
24: 　　**end if**
25: 　**end for**
26: **end for**
27: **return** 最終的な重みベクトル $\boldsymbol{w}$ と区切り点ベクトル $\boldsymbol{b}$.

6.6 対順序学習手法

点順序学習手法では，2つの文書対 x_1 と x_2 の中でどれを先に順序すべきかといった半順序関係を直接的にモデル化することができません．点順序学習はそれぞれの文書を個別に扱っており，文書の順位を予測する回帰問題を解いています．実際問題として，あるクエリ q に関して x_2 よりも x_1 の方が関連性が高いという情報が分かっても，全体の文書の順序（全順序）までは分からないことがあります．そこで，半順序関係から順序学習を行う**対順序学習手法**が提案されています．ここでは対順序学習アルゴリズムの1つである **RankNet**[12] について紹介します．

RankNet では，(q, x) からなる学習事例をすでに素性ベクトル $\phi(q, x)$ として表現できているものと仮定します．ランク関数 f はこのような素性ベクトルを入力とし，実数値を返す関数として定義します．PRank では f として素性値の重み付き線形和を使いましたが，RankNet では2段のニューラルネットワークを使っています．2段のニューラルネットワークには任意の連続関数を近似できる利点があります．文書 x_i は文書 x_j よりクエリ q に関連しているということを，$x_i \succ x_j$ として表します．そうするとランク関数 f は，$f(x_i) > f(x_j)$ という制約を満たさなければなりません．なお，$x_i \succ x_j$ である確率を $P(x_i \succ x_j) = P_{ij}$ として表しましょう．さらに，$o_i \equiv f(x_i)$，$o_j \equiv f(x_j)$，と $o_{ij} \equiv f(x_i) - f(x_j)$ として変数を定義します．確率 P_{ij} はロジスティック関数を使って，次のように計算します．

$$P_{ij} = \frac{1}{1 + \exp(-o_{ij})} \tag{6.4}$$

それぞれのクエリ q に関して，学習データとしてどの文書が他のどの文書より関連するかが記載されているデータセットが与えられているとします．この学習データセット中で $x_i \succ x_j$ である確率を $\bar{P}_{ij}$ で表しましょう．無論，$\bar{P}_{ij}$ として 0 または 1 という二値を与えても良いですが，より一般的に $[0, 1]$ 範囲内の連続値を与えても構いません．以下の議論では後者の場合を考慮します．

ランク関数を用いて予測した確率 P_{ij} が学習データの確率 $\bar{P}_{ij}$ にどれくら

い似ているかを評価するために，次で定義される交差エントロピー C_{ij} を用います．

$$C_{ij} = -\bar{P}_{ij} \log P_{ij} - (1 - \bar{P}_{ij}) \log(1 - P_{ij}) \tag{6.5}$$

式 (6.4) を式 (6.5) に代入することで交差エントロピーを式 (6.6) のように計算できます．

$$C_{ij} = -\bar{P}_{ij} o_{ij} + \log(1 + \exp(o_{ij})) \tag{6.6}$$

式 (6.6) から分かるように C_{ij} は o_{ij} に対し，漸近的に線形になっています．

ところで，$x_1 \succ x_2$ で $x_2 \succ x_3$ であるとき，矛盾のない順序が存在するためには $x_1 \succ x_3$ でなければなりません．次に，異なる 3 つの文書 x_i, x_j, x_k を並べる場合，矛盾のない順序が存在するためには，学習データ中の確率 $\bar{P}_{ij}, \bar{P}_{jk}, \bar{P}_{ik}$ がどのような制約を満たさなければならないかを考えてみましょう．まず，$\bar{o}_{ij}, \bar{o}_{jk}, \bar{o}_{ik}$ は次のように定義されることに注意します．

$$\bar{o}_{ij} = \bar{o}_i - \bar{o}_j \tag{6.7}$$

$$\bar{o}_{jk} = \bar{o}_j - \bar{o}_k \tag{6.8}$$

$$\bar{o}_{ik} = \bar{o}_i - \bar{o}_k \tag{6.9}$$

これより，

$$\bar{o}_{ij} + \bar{o}_{jk} = \bar{o}_{ik} \tag{6.10}$$

という関係が導かれます．一方，確率 $\bar{P}_{ij}$ と $\bar{o}_{ij}$ の間の関係は次のロジスティック関数で定義されます．

$$\bar{P}_{ij} = \frac{1}{1 + \exp(-\bar{o}_{ij})} \tag{6.11}$$

式 (6.11) より $\bar{o}_{ij}$ を $\bar{P}_{ij}$ の関数のように表すことができます．

$$\bar{o}_{ij} = \log \bar{P}_{ij} - \log(1 - \bar{P}_{ij}) \tag{6.12}$$

式 (6.12) の結果を式 (6.10) に代入することで次の関係が導かれます．

$$\bar{P}_{ik} = \frac{\bar{P}_{ij} \bar{P}_{jk}}{1 + 2\bar{P}_{ij}\bar{P}_{jk} - \bar{P}_{ij} - \bar{P}_{jk}} \tag{6.13}$$

式 (6.13) は矛盾のない順序が定義できるための条件を示しています．n 個の文書があればその中から最大 $n(n-1)/2$ 個の対を生成できますが，その全

対に関して確率 $\bar{P}_{ij}$ を指定する必要がありません．実は隣り合う x_i, x_{i+1} 対に関する確率を指定することが，全文書間の順序を指定するために必要十分であることが証明できます．

ランク関数 f は 2 段のニューラルネットワークで定義される場合，そのニューラルネットワークの重みを学習することがランク関数を学習する問題と等価となります．具体的には式 (6.5) の交差エントロピーを最小化させる重みを学習します．そのために，式 (6.5) をニューラルネットワークの各重みで微分し，確率的勾配法を使って最適化を行います．

6.7 リスト順序学習手法

対順序学習手法は，与えられた n 個の要素に対し全順序を指定することはできませんが，その中の 2 つの要素に関して半順序を指定することができる場合でも適用できるため，その応用範囲が広いです．例えば，あるクエリ q に関連するウェブページ n 個を集めて人間に提示しても，そのすべてのページに関して全順序を付けるのは難しいタスクです．与えられた n 個のページの中で，クエリ q に確実に関連するものとそうでないものを分けるタスクの方が人間には行いやすいタスクです．

一方，**リスト順序学習手法** (listwise ranking approach) は，q に対して n 個のウェブページが全順序付けられていた場合に，そこから学習できる手法です．その意味では対順序学習に比べ，リスト順序学習の応用範囲は限られています．しかし，ウェブ検索エンジンの検索結果のランク付けのように最終的に全順序を付けてユーザーに検索結果を提示しなければならない問題に関しては，学習の段階から全順序の情報が使えるリスト順序学習手法の方が良い精度を示します．対順序学習では半順序から必ずしも矛盾しない全順序が作れない場合がありますが，リスト順序学習手法はリスト全体に対して順序付けを行うのでそのような問題が生じません．なお，全順序が分かっている学習データに対し，対順序学習を行うためにはその学習データに含まれている対を生成する必要がありますが，リスト順序学習手法ではそのような前処理は必要ではありません．本節ではリスト順序学習の代表的なアルゴリズムである **ListNet**[13] を紹介します．

6.6 節の記法にならって，クエリ q に関する n 個のウェブページ $d_1, d_2, \ldots, d_n$ は学習データセットでは $d_1 \succ d_2 \cdots \succ d_n$ の順番に並べられているとします．この順列 (permutation) を順列関数 ϕ で表しましょう．つまり，$\phi(1) = d_1, \phi(2) = d_2, \ldots, \phi(n) = d_n$ として順列関数 ϕ は q に関連するウェブページ集合への**全単射関数** (bijective function) として定義します．ListNet では学習事例として与えられた順列と，何らかのランク関数 f を使って順序付けを行うことで，得られた順列がどれくらい近いかを評価するため，**順列確率** (permutation probability)$P_f(\pi)$ を使っています．正の単調増加関数 ϕ を使って順列 π に関する順列確率 $P_f(\pi)$ を次のように定義します．

$$P_f(\pi) = \prod_{j=1}^{n} \frac{\phi(f_{\pi(j)})}{\sum_{k=j}^{n} \phi(f_{\pi(k)})} \tag{6.14}$$

ここで，$f_{\pi(j)}$ は順列 π で j 番目に順序付けられているウェブページに関するランク関数の値です．

式 (6.14) を使って具体的に $\pi =< 1, 2, 3 >$ と $\pi' =< 3, 2, 1 >$ という 2 つの順列に関するそれぞれの順列確率 $P_f(\pi)$ と $P_f(\pi')$ を次のように計算できます．

$$P_f(\pi) = \frac{\phi(f_1)}{\phi(f_1) + \phi(f_2) + \phi(f_3)} \times \frac{\phi(f_2)}{\phi(f_2) + \phi(f_3)} \times \frac{\phi(f_3)}{\phi(f_3)}$$

$$P_f(\pi') = \frac{\phi(f_3)}{\phi(f_1) + \phi(f_2) + \phi(f_3)} \times \frac{\phi(f_2)}{\phi(f_2) + \phi(f_1)} \times \frac{\phi(f_1)}{\phi(f_1)}$$

実は，式 (6.14) で定義される $P_f(\pi)$ は，n 個の要素に関する全順列からなる集合 Ω_n に含まれるすべての順列に関する順列確率の和が 1 になるような確率分布であることが証明できます [14]．つまり，P_f は次を満たします．

$$\sum_{\pi \in \Omega_n} P_f(\pi) = 1 \tag{6.15}$$

順列確率を計算するためには順列をすべて生成する必要があります．しかし，n 個の異なる要素に関する順列の数は $n!$ であり，ウェブ検索結果のような多数の要素からなる集合に関して計算するのは困難です．そこで，n 個の要素からなるリストのうち，上位 k 個の要素が固定されている順列に関する確率のみを考慮するという工夫が提案されており，**上位-k 確率** (top-k probability) として知られています．例えば，ウェブ検索エンジンが返す検索結果の場合を考慮すると，あるクエリに関する検索結果が膨大な数が存在しても実際にユーザーが閲覧するのは上位数個の結果のみです．したがって，その上位検索結果さえ正しく順序付けできれば，実用的には十分です．n 個の異なる要素からなる順列のうち，上位 k がすでに決まっている要素のみを含むような順列の数は $n!/(n-k)!$ です．これは $n!$ よりはるかに小さい数であり，順列確率を計算する場合と比べ，上位-k 確率の計算は容易です．

上位 k 個の要素を $j_1, j_2, \ldots, j_k$ に限定されている部分群 $\mathbb{G}_k(j_1, j_2, \ldots, j_k)$ に関する上位-k 確率 $P_f(\mathbb{G}_k(j_1, j_2, \ldots, j_k))$ は次で定義されます．

$$P_f(\mathbb{G}_k(j_1, j_2, \ldots, j_k)) = \sum_{\pi \in \mathbb{G}_k(j_1, j_2, \ldots, j_k)} P_f(\pi) \qquad (6.16)$$

式 (6.16) を使って上位-k 確率を計算するには，結局全順列を生成しなければなりません．したがって，上位 k-確率を計算するには式 (6.16) は不便です．しかし，以下の式 (6.17) を使えば上位 k-確率が計算できることが知られています [14]．

$$P_f(\mathbb{G}_k(j_1, j_2, \ldots, j_k)) = \prod_{t=1}^{k} \frac{\phi(f_{j_t})}{\sum_{l=t}^{n} \phi(f_{j_l})} \qquad (6.17)$$

ここで，f_{j_t} は順位 t として順序付けられているウェブページに関するランク関数の値です．式 (6.17) は式 (6.16) に比べ，計算量の点で好ましいです．例えば，$n = 100$ で $k = 2$ の場合であっても 2 つの項の掛け算だけで上位 k-確率を計算できます．分母では n に比例した足し算が必要となりますが，これは $t = r$ のときの合計から $\phi(f_{j_r})$ を削除するだけで $t = (r+1)$ のときの分母の合計を計算することができます．

ListNet では RankNet 同様，交差エントロピー誤差を誤差関数として使って，ランク関数 f を学習しています．RankNet では f として 2 段のニューラルネットワークを使いましたが，ListNet では PRank 同様，素性の線形な重み付き和（重みベクトルとの内積）を使っています．なお，ListNet では $k = 1$ としています．$n = 2$ の場合，ListNet と RankNet は同じ誤差関数を最適化していることに注意してください．ListNet は上位 k-確率を用いて学習事例に含まれている順列とランク関数を用いて生成した順列に確率

を振り，その確率分布同士間の交差エントロピー誤差を最小化することでランク関数を学習していますが，リスト順序学習では mean average precision (MAP) や normalized discounted cumulative gain (NDCG) など他の順序評価尺度を最適化しているアルゴリズムも存在します [7].

6.8 まとめ

本章ではウェブデータにおける機械学習の重要な応用の1つとして順序学習手法を紹介しました．順序学習は，ウェブ検索エンジンでは検索結果の順序付けの学習，推薦システムではあるユーザーに推薦する商品リストの選択などさまざまな場面で使われます．順序学習手法はどのような順序情報を使って学習するかによって点順序学習手法，対順序学習手法，リスト順序学習手法の3つのグループに分類することができます．本章ではそれぞれの順序学習手法に関して，代表的なアルゴリズムを1つずつ選んで詳しく解説しました．

Appendix A

付録 A

A.1 スカラー値をベクトルで微分

3.6 節のロジスティック回帰学習では,対数尤度というスカラー値を重みベクトルで微分する必要がありました.ここでは一般的にスカラー値 $\theta \in R$ をベクトル $w \in \mathbb{R}^d$ で微分する方法を説明します.$w = (w_1, w_2, \ldots, w_d)^\top$ のとき,スカラー値をベクトルで微分する場合,次で与えられるようにベクトルとなります.なお,微分結果を表すベクトルの i 次元は θ を w_i で微分した結果 $\frac{\partial \theta}{w_i}$ となります.

$$\frac{\partial \theta}{\partial w} = \left(\frac{\partial \theta}{w_1}, \frac{\partial \theta}{w_2}, \ldots, \frac{\partial \theta}{w_d} \right)^\top \tag{A.1}$$

A.2 内積を片方のベクトルで微分

微分対象のベクトル $w \in \mathbb{R}^d$ と,定数のベクトル $a \in \mathbb{R}^d$ との内積を w で微分する場合を考えます.ここでは $a = (a_1, a_2, \ldots, a_d)^\top$ とします.まず,$a^\top w$ はスカラー値であるため,式 (A.1) の結果を用い,次のようにその微分を求めることができます.

$$\begin{aligned} \frac{\partial a^\top w}{\partial w} &= \frac{\partial}{\partial w}(a_1 w_1 + a_2 w_2 + \cdots + a_d w_d)^\top \\ &= \left(\frac{\partial a_1 w_1}{\partial w_1}, \frac{\partial a_2 w_2}{\partial w_2}, \ldots, \frac{\partial a_d w_d}{\partial w_d} \right)^\top \end{aligned}$$

158　**Appendix A**

$$= (a_1, a_2, \ldots, a_d)^\top$$
$$= \boldsymbol{a} \tag{A.2}$$

つまり，$\boldsymbol{a}^\top \boldsymbol{w}$ を $\boldsymbol{w}$ で微分した場合の結果は $\boldsymbol{a}$ となります．これを $\boldsymbol{a}$ と $\boldsymbol{w}$ が 1 次元（スカラー）だった場合，aw を w で微分した結果である a と形式的に似ていることを覚えておくと便利です．

A.3　ℓ_2 ノルムの二乗をベクトルで微分

正則化付きのロジスティック回帰学習 (式 (3.34)) でベクトル $\boldsymbol{w}$ の ℓ_2 ノルムの二乗 $||\boldsymbol{w}||_2^2$ を $\boldsymbol{w}$ で微分する必要がありました．ここで，その導出を説明します．まず，ℓ_2 ノルムは次で定義されていることを思い出しましょう．

$$||\boldsymbol{w}||_2 = \sqrt{\sum_{i=1}^{d} w_i^2} \tag{A.3}$$

したがって，スカラー値である ℓ_2 ノルムの二乗を次のように $\boldsymbol{w}$ で微分することができます．

$$\begin{aligned}
\frac{\partial ||\boldsymbol{w}||_2^2}{\partial \boldsymbol{w}} &= \frac{\partial}{\partial \boldsymbol{w}} \sum_{i=1}^{d} w_i^2 \\
&= \left(\frac{\partial w_1^2}{\partial w_1}, \frac{\partial w_2^2}{\partial w_2}, \ldots, \frac{\partial w_d^2}{\partial w_d} \right)^\top \\
&= (2w_1, 2w_2, \ldots, 2w_d)^\top \\
&= 2\boldsymbol{w}
\end{aligned} \tag{A.4}$$

この結果は w がスカラー変数の場合，w^2 を w で微分した結果 $\frac{\partial w^2}{\partial w} = 2w$ と形が似ていることを覚えておくと便利です．

A.4　行列の特異値分解による行列近似

要素がすべて実数である行列 $\mathbf{X} \in \mathbb{R}^{n \times m}$ を考えます．なお，一般性を失うことなく，$m \geq n$ とします．この行列を次のように 3 つの行列の積として

分解することを $\mathbf{X}$ の**特異値分解**と呼びます.

$$\mathbf{X} = \mathbf{U}\mathbf{D}\mathbf{V}^\top \tag{A.5}$$

ここで,$\mathbf{U} \in \mathbb{R}^{n \times n}$ と $\mathbf{V} \in \mathbb{R}^{m \times m}$ は直交行列で,それぞれの行列の列が直交しています.つまり,$\mathbf{U}^\top \mathbf{U} = \mathbf{I}_n$ と $\mathbf{V}^\top \mathbf{V} = \mathbf{I}_m$ が成り立ちます.$\mathbf{I}_k \in \mathbb{R}^{k \times k}$ は単位行列です.$\mathbf{X}$ のランクが $r \le \min(n, m)$ で,その特異値が $\sigma_1, \sigma_2, \ldots, \sigma_r$ とします.ここでは $m \ge n$ と仮定しているため,$r \le n$ となります.なお,一般性を失うことなく,$\sigma_1 \ge \sigma_2 \ge \ldots \ge \sigma_r$ とします.$\mathbf{D} \in \mathbb{R}^{n \times m}$ は対角行列であり,その対角要素は $\sigma_1, \sigma_2, \ldots, \sigma_r, 0, 0, \ldots, 0$ とします.つまり,$\mathbf{D}$ の最初の r 個の対角要素として $\mathbf{X}$ の特異値が降順に並べられており,残り $(m - r)$ 個の対角要素がすべてゼロにしています.

特異値分解の性質を理解するために,次のように $\mathbf{X}^\top \mathbf{X}$ を計算してみましょう.

$$\mathbf{X} = \mathbf{U}\mathbf{D}\mathbf{V}^\top$$
$$\mathbf{X}^\top \mathbf{X} = (\mathbf{U}\mathbf{D}\mathbf{V}^\top)^\top (\mathbf{U}\mathbf{D}\mathbf{V}^\top)$$
$$= \mathbf{V}\mathbf{D}^\top \mathbf{U}^\top \mathbf{U}\mathbf{D}\mathbf{V}^\top$$
$$= \mathbf{V}\mathbf{D}^\top \mathbf{D}\mathbf{V}^\top$$
$$= \mathbf{V}\mathbf{D}^2 \mathbf{V}^\top \tag{A.6}$$

ここで,$\mathbf{D}$ は対角行列であることより,$\mathbf{D}^\top = \mathbf{D}$ となることを使っています.なお,$\mathbf{D}^2$ は,$\mathbf{D}$ の対角要素の二乗を対角要素とする行列です.$\mathbf{D}$ が対角行列であるため,$\mathbf{D}\mathbf{D}$ を計算するとまた対角行列となり,各対角要素が二乗になります.式 (A.6) の導出で,$\mathbf{U}^\top \mathbf{U} = \mathbf{I}_n$ であることと,2 つの行列 $\mathbf{A}$,$\mathbf{B}$ に対し,$(\mathbf{A}\mathbf{B})^\top = \mathbf{B}^\top \mathbf{A}$ となることを使いました.

さらに,$(\mathbf{X}^\top \mathbf{X})^\top$ を計算すると,次のようになります.

$$(\mathbf{X}^\top \mathbf{X})^\top = (\mathbf{V}\mathbf{D}^2 \mathbf{V}^\top)^\top$$
$$= (\mathbf{V}^\top)^\top \mathbf{D}^{2\top} \mathbf{V}^\top$$
$$= \mathbf{V}\mathbf{D}^2 \mathbf{V}^\top$$
$$= \mathbf{X}^\top \mathbf{X} \tag{A.7}$$

つまり,$\mathbf{X}^\top \mathbf{X}$ は対称行列となります.なお,$\mathbf{X}$ のすべての要素が実数であ

るため，$\mathbf{X}^\top\mathbf{X}$ もまた実数行列となります．したがって，式 (A.6) は $\mathbf{X}^\top\mathbf{X}$ という実対称行列の固有値分解を表しています．この結果は，$\mathbf{X}$ の特異値分解と $\mathbf{X}^\top\mathbf{X}$ の固有分解の間の関係を示しています．実対称行列の固有値はすべて実数であるため，$\mathbf{D}$ の要素として $\mathbf{X}^\top\mathbf{X}$ の固有値の正の平行根を取ることができます．$\mathbf{X}$ のランクが r と仮定しているため，$\mathbf{X}$ にはゼロでない特異値が r 個存在しており，$\mathbf{X}$ のすべての特異値が正となります．つまり，$i = 1, 2, \ldots, r$ に対して $\sigma_i > 0$ となります．

$\mathbf{X}$ の最大な $k(\le r)$ 個の特異値を使って，$\mathbf{X}$ の低ランク近似を行うことを考えましょう．$\mathbf{D}_k$ は対角要素として $\sigma_1, \sigma_2, \ldots, \sigma_k, 0, 0, \ldots 0$ を取る行列だとします．そうすると，次で与えられる $\mathbf{X}_k$ が $\mathbf{X}$ の低ランク近似となります．

$$\mathbf{X}_k = \mathbf{U}\mathbf{D}_k\mathbf{V}^\top \tag{A.8}$$

2 つの行列がどれくらい近いかを評価するための指標として，次で定義されるフロベニウスノルム (Frobenius norm) を使います．

$$||\mathbf{A}||_F = \sqrt{\sum_{i=1}^{n}\sum_{j=1}^{m}|a_{ij}|^2} = \sqrt{\mathrm{tr}(\mathbf{A}^\top\mathbf{A})} \tag{A.9}$$

式 (A.9) の右辺の 2 つめの等式では行列のトレース (trace) の性質を使っています．正方行列 $\mathbf{A} \in \mathbb{R}^{n \times n}$ のトレース $\mathrm{tr}(\mathbf{A})$ は $\mathbf{A}$ の対角要素の和として定義され，次で与えられます．

$$\mathrm{tr}(\mathbf{A}) = \sum_{i=1}^{n} a_{ii} \tag{A.10}$$

$\mathbf{A}$ が正方行列でない場合でも $\mathbf{A}^\top\mathbf{A}$ が正方行列となり，$||\mathbf{A}||_F$ は式 (A.9) で書いてある通り，$\mathbf{A}^\top\mathbf{A}$ の対角要素の和 $(\mathrm{tr}(\mathbf{A}^\top\mathbf{A}))$ の平方根となります．式 (A.8) で与えられる $\mathbf{X}_k$ がランク k の行列の中で $||\mathbf{X} - \mathbf{X}_k||_F$ を最小とする行列となります．これはエッカート・ヤング・ミルスキー (Eckart-Young-Mirsky) 定理 [24] として知られています．

この性質を証明するために，$||\mathbf{X} - \mathbf{X}_k||_F$ を評価してみましょう．式 (A.9) の定義では平方根を考慮する必要がありますが，我々の目的は $||\mathbf{X} - \mathbf{X}_k||_F$ を最小化することなので，平方根を取り除いても同じ $\mathbf{X}_k$ で最小値が得られ

ます．したがって，以下の議論では数学的簡便性のため，平方根を含まない $||\mathbf{X} - \mathbf{X}_k||_F^2$ の最小化問題を対象とします．さて，式 (A.5) と式 (A.8) より，それぞれ $\mathbf{X}$ と $\mathbf{X}_k$ を代入すると，

$$
\begin{aligned}
||\mathbf{X} - \mathbf{X}_k||_F^2 &= ||\mathbf{UDV}^\top - \mathbf{UD}_k\mathbf{V}^\top||_F^2 \\
&= ||\mathbf{U}\left(\mathbf{D} - \mathbf{D}_k\right)\mathbf{V}^\top||_F^2 \qquad (\text{A.11}) \\
&= ||\mathbf{D} - \mathbf{D}_k||_F^2 \\
&= \sqrt{\sigma_{k+1}^2 + \sigma_{k+2}^2 + \ldots + \sigma_r^2} \qquad (\text{A.12})
\end{aligned}
$$

となります．式 (A.11) ではフロベニウスノルムは直交行列による回転に関して普遍であるという事実を使っています．この事実を，次のように簡単に確認することができます．ある行列 $\mathbf{B}$ を直交行列 $\mathbf{U}$ と $\mathbf{V}$ で，$\mathbf{UBV}^\top$ として変換することを考えましょう．そうすると，$||\mathbf{UBV}^\top||_F^2$ を式 (A.9) に従って，次のように評価することができます．

$$
\begin{aligned}
||\mathbf{UBV}^\top||_F^2 &= \operatorname{tr}((\mathbf{UBV}^\top)^\top(\mathbf{UBV}^\top)) \\
&= \operatorname{tr}(\mathbf{VB}^\top\mathbf{U}^\top\mathbf{UBV}^\top) \qquad (\text{A.13}) \\
&= \operatorname{tr}(\mathbf{VB}^\top\mathbf{BV}^\top) \\
&= \operatorname{tr}(\mathbf{V}^\top\mathbf{VB}^\top\mathbf{B}) \qquad (\text{A.14}) \\
&= \operatorname{tr}(\mathbf{B}^\top\mathbf{B}) \qquad (\text{A.15}) \\
&= ||\mathbf{B}||_F^2 \qquad (\text{A.16})
\end{aligned}
$$

式 (A.13) の式変形では $\mathbf{U}$ が直交行列であることより，$\mathbf{U}^\top\mathbf{U} = \mathbf{I}$ となることを使いました．なお，式 (A.14) の式変形では 3 つの任意の行列 $\mathbf{A}, \mathbf{B}, \mathbf{C}$ に対し，行列トレースの次の性質を使っています．

$$
\operatorname{tr}(\mathbf{ABC}) = \operatorname{tr}(\mathbf{CAB}) = \operatorname{tr}(\mathbf{BCA}) \qquad (\text{A.17})
$$

式 (A.15) の式変形では $\mathbf{V}$ が直交行列であることより，$\mathbf{V}^\top\mathbf{V} = \mathbf{I}$ となることを使いました．

式 (A.12) は，$\mathbf{X}$ と $\mathbf{X}_k$ の差のフロベニウスノルムは $(k+1)$ 番目以降の特異値で決まることを示しています．特異値を降順に並べているので，これは $\mathbf{X}$ を $\mathbf{X}_k$ で近似した場合の誤差が k 番目の特異値より小さな特異値で決ま

ることを意味します．一方，ランクが k の行列は必ず非ゼロな特異値を k 個もちます．もし，$\mathbf{X}_k$ が $||\mathbf{X} - \mathbf{X}_k||_F^2$ を最小化するランク k の行列でなければ，$\sigma_{k+1}, \ldots, \sigma_r$ の中で σ_k よりも大きな特異値を含んでいることになります．しかし，これは特異値が $\sigma_1 \geq \sigma_2 \geq \ldots \geq \sigma_r$ 順に並べられているということと矛盾します．したがって，$\mathbf{X}_k$ はランク k の行列の中で $||\mathbf{X} - \mathbf{X}_k||_F$ を最小化している行列でなければなりません．

式 (A.8) では $\mathbf{D}_k$ を最初の k 個以外の対角要素に対してゼロを埋めた対角行列として定義していました．しかし，これは $\mathbf{U}$ と $\mathbf{V}$ の k 番目以降の列が計算に貢献しないことを意味します．したがって，対角行列にゼロを埋め込むのではなく，最大な k 個の特異値のみを対角要素とする対角行列 $\boldsymbol{E}_k$ として定義し，$\mathbf{U}$ の最初の k 個の左特異ベクトルを列としてもつ行列 $\mathbf{U}_k$ と定義し，$\mathbf{V}$ の最初の k 個の右特異ベクトルを列としてもつ行列 $\mathbf{V}_k$ として定義することによって，式 (A.18) のように，よりサイズが小さい行列を使って $\mathbf{X}_k$ を計算できます．

$$\mathbf{X}_k = \mathbf{U}_k \mathbf{E}_k \mathbf{V}_k^\top \tag{A.18}$$

式 (A.18) は式 (A.8) に比べ，より少ないメモリを使って同じ近似計算が行えるという点で優れており，実際のタスクで特異値分解による低次元近似を求める際に良く用いられています．

A.5　ソフトマックス関数

N 個の実数 $y_1, y_2, \ldots, y_N$ が与えられた場合，その中の1つの値 y_i に関する**ソフトマックス関数** $f(y_i)$ は次で定義されます．

$$f(y_i) = \frac{\exp(y_i)}{\sum_{j=1}^N \exp(y_j)} \tag{A.19}$$

ソフトマックス関数の意味を理解するために，$y_1, y_2, \ldots, y_N$ 中の最大値が y_1 だと仮定しましょう．すると式 (A.19) の分母と分子両方を $\exp(y_i)$ で割ることによって，$\sigma(y_i)$ は次のように計算できます．

$$\sigma(y_i) = \frac{1}{1 + \sum_{j \neq i} \exp(y_j - y_i)} \tag{A.20}$$

y_i が大きければ大きいほど，分母の各 $\exp(y_j - y_i)$ 項がゼロに近づき，$\sigma(y_i)$ が 1 に近づきます．一方，$i \neq j$ となる最大値以外の y_j に対して同様にソフトマックス関数値を計算すると，次のようになります．

$$\sigma(y_j) = \frac{\exp(y_j - y_i)}{1 + \sum_{l \neq j} \exp(y_l - y_i)} \tag{A.21}$$

y_i が大きくなるにつれて，式 (A.21) の分母の各 $\exp(y_l - y_i)$ 項がゼロに近づきます．さらに，分子の $\exp(y_j - y_i)$ 項もゼロに近づくため，$\sigma(y_j)$ がゼロに近づきます．つまり，ソフトマックス関数は最大値に関しては 1 に近い値を取り，それ以外の値に関してはゼロに近い値を返す関数であることが分かります．最大値を判定するために，$[0, 1]$ の連続値を返す関数であることより，式 (A.19) で表している関数をソフトマックス関数と名付けられています．

最後に，ソフトマックス関数は 3.6 節のロジスティック回帰学習で使った次で与えられるロジスティック関数 $\sigma(\theta)$ の二値以上に拡張した一般形であることを説明します．

$$\sigma(\theta) = \frac{1}{1 + \exp(-\theta)} \tag{A.22}$$

ロジスティック関数のことをロジスティックシグモイド関数 (logistic-sigmoid function) あるいはシグモイド関数 (sigmoid function) と呼ぶこともあります．ある変数 y が 2 つの値 y_1 と y_2 のみを取る場合，それぞれの値に対するソフトマックス関数の値は次のようになります．

$$f(y_1) = \frac{\exp(y_1)}{\exp(y_1) + \exp(y_2)} \tag{A.23}$$

$$f(y_2) = \frac{\exp(y_2)}{\exp(y_1) + \exp(y_2)} \tag{A.24}$$

まず，式 (A.23) と式 (A.24) より，$f(y_1) + f(y_2) = 1$ となります．なお，式 (A.23) の分母と分子を $\exp(y_1)$ で割ることによって，次が得られます．

$$f(y_1) = \frac{1}{1 + \exp(y_2 - y_1)} \tag{A.25}$$

式 (A.25) の $y_1 - y_2 = \theta$ とすると，式 (A.22) のロジスティック関数の形をしていることが分かります．したがって，変数 y が 2 つの値しかもてない場

合，ソフトマックス関数とロジスティック関数は同一なものとなります．

Bibliography

参考文献

[1] G. Appel. *Technical Analysis*: *Power Tools for Active Investors*. FT Press, 2005.

[2] R. A. Baeza-Yates and B. Ribeiro-Neto. *Modern Information Retrieval*. Addison-Wesley Longman Publishing, 1999.

[3] S. Ben-David, J. Blitzer, K. Crammer, and F. Pereira. Analysis of representations for domain adaptation. In *Neural Information Processing Systems (NIPS)*, 2006.

[4] J. Benhardus and J. Kalita. Streaming trend detection in Twitter. *International Journal of Web Based Communities*, 9(1): pp.122–139, 2013.

[5] J. Blitzer, M. Dredze, and F. Pereira. Biographies, bollywood, boom-boxes and blenders: Domain adaptation for sentiment classification. In *Annual meeting of the Association for Computational Linguistics (ACL)*, pp.440–447, 2007.

[6] J. Blitzer, R. McDonald, and F. Pereira. Domain adaptation with structural correspondence learning. In *Empirical Methods in Natural Language Processing (EMNLP)*, pp.120–128, 2006.

[7] D. Bollegala, N. Noman, and H. Iba. RankDE: Learning a ranking function for information retrieval using differential evolution. In *Genetic and Evolutionary Computation Conference (GECCO)*, pp.1771–1778, 2011.

[8] D. Bollegala, D. Weir, and J. Carroll. Using multiple sources to construct a sentiment sensitive thesaurus for cross-domain sentiment classification. In *Annual meeting of the Association for Computational Linguistics (ACL)*, pp.132–141, 2011.

[9] D. Bollegala, D. Weir, and J. Carroll. Cross-domain sentiment classification using a sentiment sensitive thesaurus. *IEEE Transactions*

on Knowledge and Data Engineering, 25(8): pp.1719–1731, 2013.

[10] S. Brin and L. Page. The anatomy of a large-scale hypertextual web search engine. *Computer networks and ISDN systems*, 30(1): pp.107–117, 1998.

[11] E. Bruni, G. Boleda, M. Baroni, and N. -K. Tran. Distributional semantics in technicolor. In *Annual meeting of the Association for Computational Linguistics (ACL)*, pp.136–145, 2012.

[12] C. Burges, T. Shaked, E. Renshaw, A. Lazier, M. Deeds, N. Hamilton, and G. Hullender. Learning to rank using gradient descent. In *International Conference on Machine Learning (ICML)*, pp.89–96, 2005.

[13] Z. Cao, T. Qin, T.-Y. Liu, M.-F. Tsai, and H. Li. Learning to rank: From pairwise approach to listwise approach. In *International Conference on Machine Learning (ICML)*, pp.129–136, 2007.

[14] Z. Cao, T. Qin, T.-Y. Liu, M.-F. Tsai, and H. Li. Learning to rank: From pairwise approach to listwise approach. Technical Report MSR-TR-2007-40, Microsoft Research, 2007.

[15] O. Chapelle and Y. Chang. Yahoo! learning to rank challenge overview. *Journal of Machine Learning Research (JMLR): Workshop and Conference Proceedings*, 14: pp.1–24, 2011.

[16] K. Crammer and Y. Singer. Pranking with ranking. In *Neural Information Processing Systems (NIPS)*, 2001.

[17] J. Duchi, E. Hazan, and Y. Singer. Adaptive subgradient methods for online learning and stochastic optimization. *Journal of Machine Learning Research*, 12: pp.2121–2159, 2011.

[18] C. Dwork. Differential privacy. *International Colloquium on Automata, Languages, and Programming*, pp.1–12, 2006.

[19] C. Dwork and A. Roth. *The Algorithmic Foundations of Differential Privacy*, 9. *Foundations and Trends in Theoretical Computer Science*, pp.211–407, 2014.

[20] A. Esuli and F. Sebastiani. SentiWordNet: A publicly available lexical resource for opinion mining. In *LREC*, pp.417–422, 2006.

[21] J. R. Evans. Business analytics: The next frontier for decision sciences. *Decision Line*, 43(2): pp.4–6, 2012.

[22] J. R. Firth. A synopsis of linguistic theory 1930-55. *Studies in Linguistic Analysis*, pp.1–32, 1957.

[23] X. Glorot, A. Bordes, and Y. Bengio. Domain adaptation for large-scale sentiment classification: A deep learning approach. In *International Conference on Machine Learning (ICML)*, pp.513–520, 2011.

[24] G. H. Golub and C. F. Van Loan. *Matrix Computations (3rd ed.)*. John Hopkins University Press, 1996.

[25] J. T. Goodman. A bit of progress in language modeling extended version. Technical report, Microsoft Research, 2001.

[26] Z. Gyöngyi, H. Garcia-Molina, and J. Pedersen. Combating web spam with trustrank. In *VLDB*, pp.576–587, 2004.

[27] D. He and D. S. Parker. Topic dynamics: An alternative model of bursts in streams of topics. In *Proceedings of the 16th ACM SIGKDD International Conference on Knowledge Discovery and Data Mining (KDD)*, pp.443–452, 2010.

[28] E. H. Huang, R. Socher, C. D. Manning, and A. Y. Ng. Improving word representations via global context and multiple word prototypes. In *Annual meeting of the Association for Computational Linguistics (ACL)*, pp.873–882, 2012.

[29] G. Jeh and J. Widom. SimRank: a measure of structural-context similarity. In *Proceedings of the 8th ACM SIGKDD International Conference on Knowledge Discovery and Data Mining (KDD)*, pp.538–543, 2002.

[30] G. Jeh and J. Widom. Scaling personalized web search. In *Proceedings of the 12th International Conference on World Wide Web*,

pp.271–279, 2003.

[31] J. Kleinberg. Bursty and hierarchical structure in streams. In *Proceedings of the 8th ACM SIGKDD International Conference on Knowledge Discovery and Data Mining (KDD)*, pp.91–101, 2002.

[32] J. M. Kleinberg. Authoritative sources in a hyperlinked environment. *Journal of the ACM*, 46(5): pp.604–632, 1999.

[33] V. Krishnan and R. Raj. Web spam detection with anti-trust rank. In *AIRWeb*, volume 6, pp.37–40, 2006.

[34] J. H. Lau, N. Collier, and T. Baldwin. On-line trend analysis with topic models: #twitter trends detection topic model online. In *International Conference on Computational Linguistrics (COLING)*, pp.1519–1534, 2012.

[35] D. D. Lee and H. S. Seung. Algorithms for non-negative matrix factorization. In *Neural Information Processing Systems (NIPS)*, pp.556–562, 2001.

[36] O. Levy and Y. Goldberg. Neural word embedding as implicit matrix factorization. In *Neural Information Processing Systems (NIPS)*, 2014.

[37] O. Levy, Y. Goldberg, and I. Dagan. Improving distributional similarity with lessons learned from word embeddings. *Transactions of Association for Computational Linguistics*, 3: pp.211–225, 2015.

[38] M.-T. Luong, R. Socher, and C. D. Manning. Better word representations with recursive neural networks for morphology. In *Computational Natural Language Learning (CoNLL)*, 2013.

[39] C. D. Manning and H. Schütze. *Foundations of Statistical Natural Language Processing*. MIT Press, 1999.

[40] R. McDonald, K. Hall, and G. Mann. Distributed training strategies for the structured perceptron. In *Human Language Technologies: The 2010 Annual Conference of the North American Chapter of the Association for Computational Linguistics*, pp.456–464,

2010.

[41] T. Mikolov, K. Chen, G. Corrado and J. Dean. Efficient estimation of word representations in vector space. *CoRR*, abs/1301.3781, 2013.

[42] G. A. Miller and W. G. Charles. Contextual correlates of semantic similarity. *Language and Cognitive Processes*, 6(1): pp.1–28, 1991.

[43] G. A. Miller. WordNet: A lexical database for english. *Communications of the ACM*, 38(11): pp.39–41, 1995.

[44] L. Nie, B. D. Davison, and X. Qi. Topical link analysis for web search. In *ACM SIGIR Conference on Research and Development in Information Retrieval*, pp.91–98, 2006.

[45] J. Nocedal and S. J. Wright. *Numerical Optimization*. Springer-Verlag, 1999.

[46] L. Page, S. Brin, R. Motwani, and T. Winograd. The pagerank citation ranking: Bringing order to the web. Technical Report SIDL-WP-1999-0120, Stanford InfoLab, 1999.

[47] S. J. Pan, I. W. Tsang, J. T. Kwok, and Q. Yang. Domain adaptation via transfer component analysis. *IEEE Transactions on Neural Networks*, 22(2): pp.199–210, 2011.

[48] J. Pennington, R. Socher, and C. D. Manning. GloVe: global vectors for word representation. In *Empirical Methods in Natural Language Processing (EMNLP)*, pp.1532–1543, 2014.

[49] T. Qin, T.-Y. Liu, X.-D. Zhang, Z. Chen, and W.-Y. Ma. A study of relevance propagation for web search. In *SIGIR*, pp.408–415, 2005.

[50] S. E. Robertson. Overview of the okapi projects. *Journal of Documentation*, 53(1): pp.3–7, 1997.

[51] H. Rubenstein and J.B. Goodenough. Contextual correlates of synonymy. *Communications of the ACM*, 8: pp.627–633, 1965.

[52] A. Shakery and C. X. Zhai. Relevance propagation for topic distillation UIUC TREC 2003 web track experiments. In *Text Retrieval Conference (TREC)*, pp.673, 2003.

[53] R. Socher, J. Pennington, E. H. Huang, A. Y. Ng, and C. D. Manning. Semi-supervised recursive autoencoders for predicting sentiment distributions. In *Proceedings of the 2011 Conference on Empirical Methods in Natural Language Processing*, pp.151–161, 2011.

[54] G. Stanley. The "MACD approach" to derivative (rate of change) estimation. `http://gregstanleyandassociates.com/whitepapers/ FaultDiagnosis/Filtering/MACD-approach/macd-approach.htm`, 2010–2013. accessed on 27 April 2016.

[55] O. Täckström and R. McDonald. Semi-supervised latent variable models for sentence-level sentiment analysis. In *Annual meeting of the Association for Computational Linguistics (ACL)*, pp.569–574. 2011.

[56] P. D. Turney and P. Pantel. From frequency to meaning: Vector space models of semantics. *Journal of Aritificial Intelligence Research*, 37: pp.141–188, 2010.

[57] J. Vaidya and C. Clifton. Privacy-preserving *k*-means clustering over vertically partitioned data. In *International Conference on Knowledge Discovery and Date Mining (KDD)*, pp.206–215, 2003.

[58] L. van der Maaten and G. Hinton. Visualizing data using t-SNE. *Journal of Machine Learning Research*, 9: pp.2579–2605, 2008.

[59] M. Vlachos, C. Meek, Z. Vagena, and D. Gunopulos. Identifying similarities, periodicities and bursts for online search queries. In *Proceedings of the 2004 ACM SIGMOD International Conference on Management of Data*, pp.131–142, 2004.

[60] G.-R. Xue, Q. Yang, H.-J. Zeng, Y. Yu, and Z. Chen. Exploiting the hierarchical structure for link analysis. In *ACM SIGIR Conference on Research and Development in Information Retrieval*, pp.186–

193, 2005.

[61] B. Yang and C. Cardie. Context-aware learning for sentence-level sentiment analysis with posterior regularization. In *Annual Meeting of the Association for Computational Linguistics*, pp.325–335, 2014.

[62] C. X. Zhai and J. Lafferty. A study of smoothing methods for language models applied to information retrieval. *ACM Transactions on Information Systems*, 22(2): pp.179–214, 2004.

[63] W. X. Zhao, B. Shu, J. Jiang, Y. Song, H. Yan, and X. Li. Identifying event-related bursts via social media activities. In *Proceedings of the 2012 Joint Conference on Empirical Methods in Natural Language Processing and Computational Natural Language Learning (EMNLP-CoNLL)*, pp.1466–1477, 2012.

[64] Y. Zhu and D. Shasha. Efficient elastic burst detection in data streams. In *Proceedings of the 9th ACM SIGKDD International Conference on Knowledge Discovery and Data Mining (KDD)*, pp.336–345, 2003.

[65] C. M. ビショップ（著），元田浩，栗田多喜夫，樋口知之，松本裕治，村田昇（監訳），パターン認識と機械学習（上）．丸善出版，2007.

[66] 井手剛，杉山将．異常検知と変化検知．講談社，2015.

[67] 人工知能学会（監修），神嶌敏弘（編），麻生英樹，安田宗樹，前田新一，岡野原大輔，岡谷貴之，久保陽太郎，ボレガラ ダヌシカ（著）．深層学習．近代科学社，2015.

[68] 海野裕也，岡野原大輔，得居誠也，徳永拓之．オンライン機械学習．講談社，2015.

[69] 小林のぞみ，乾健太郎，松本裕治，立石健二，福島俊一．意見抽出のための評価表現の収集．自然言語処理，12(3): pp.203–222，2005.

[70] 情報通信政策研究所．平成 26 年情報通信メディアの利用時間と情報行動に関する調査報告書．Technical report，総務省，2015.

[71] 竹内一郎，烏山昌幸．サポートベクトルマシン．講談社，2015.

[72] 滝根哲哉, 伊藤大雄, 西尾章治郎. ネットワーク設計理論. 岩波書店, 2001.

[73] 藤木稔明, 南野朋之, 鈴木泰裕, 奥村学. document stream における burst の発見. 情報処理学会研究報告自然言語処理（NL）, 2004(23): pp.85-92, 2004.

[74] 鈴木大慈. 確率的最適化. 講談社, 2015.

■ 索 引

欧字

AdaGrad	54
bag-of-words モデル	9
BM25	144
F 値	66
GloVe	110
HITS	135, 144
IDF	144
k 分割交差検定	62
ℓ_1 ノルム	43
ListNet	152
LMIR	144
MACD ヒストグラム	26
Perceptron Ranking	146
PRank	146
RankNet	150
TF	143
tfidf	43, 144
t 分布型確率的近傍埋め込み法	119
word2vec	93

あ行

アンチトラストランク	134
移動点相互情報量	123
移動平均線収束拡散法	25
イベント抽出	2
意味的類似性	114
入次数	127
引用	8
オッカムのカミソリ	57

オンライン学習	13
オンライン最適化	52

か行

階層型ソフトマックス	106
開発データ	60
ガウシアンプロセス回帰	64
過学習	14, 56
学習率	53
確率遷移行列	128
確率的勾配法	52
隠れマルコフモデル	16
過半数分類器	65
カルバック・ライブラー・ダイバージェンス	80
関係類似性	117
間接的評価方法	113
関連性	114
危機対応・管理	4
擬似負例	105
逆文書頻度	144
共起	85
共起頻度	85
共起ベクトル	85
教師ありドメイン適応手法	71
教師なしドメイン適応手法	71
協調フィルタリング	2
極性	68
グーグル行列	129
グラフ	126
クリックデータ	142
クリック率	6

クローリング	12	スパム検出	4
形態素	85	スパム判定	9
形態素解析	16, 85	スパムページ	134
系列ラベリング	16	スラック変数	15
言語モデル	90	正解率	65
現象記述的な分析	5	正規化	43
限定クローリング	12	整数回帰	146
語彙集合	83	正則化	57
交互最適化	101	正則化係数	58
交差エントロピー誤差	54, 112	静的順序付け	141
公衆衛生監視	5	精度	66
構造対応学習	72	線形な関数	99
行動	8	線形分離不可能	15
語義	107	線形分類器	45
誤差関数	54	全順序	141
コーパス	83	全単射関数	153
コンテンツ	7	戦略指示的な分析	6
		相互情報量	42
		双線形関数	100

さ行

		相対エントロピー	80
再現率	66	ソーシャルネットワーク	7
サポートベクトルマシン	9	ソーシャルメディア	1
サポートベクトルマシン回帰	64	ソーシャルリスニング	5
ジェンセン・シャノン・ダイバージェンス	80	素性	36
シグナル	21	素性スパース問題	86
指数移動平均	24	素性値	42
指数分布	29	素性袋詰め	43
シムランク	136	ソフトマックス関数	96, 162
出現頻度	40, 143	損失関数	54
順列	153		
順列確率	153		

上位-k 確率	153	

た行

条件付き確率場	17	大域ベクトル予測モデル	110
信頼性分析	3	対象語	85
推薦	3		

対象語ベクトル	94		ハイパーパラメータ	60
対数双線形関数	100		バースト	21
多クラス分類	63		バースト検出	2
単語袋詰め	43		バズ・マーケティング	4
単語袋詰めモデル	9		パーセプトロン	9, 146
単純移動平均	23		パーソナライズド推薦	6
単調増加関数	48		パーソナライズドベクトル	131
チェイランク	133		パーソナライズド・ページランク	131
調和平均	67		パーソナライゼーション	3
直接的評価方法	113		バッチ学習	13
対順序学習手法	146, 150		バッチ最適化	52
低ランク近似	160		ハフマン木	107
低ランク近似行列	87		汎化能力	37
適用先ドメイン	71		半教師あり学習	11
出次数	127		半教師あり学習手法	72
点順序学習手法	145, 146		半順序	11
点相互情報量	41		反復回数	53
動的順序付け	141		反復的パラメータ混合法	106
特異値分解	77, 86, 159		比較指標	65
ドメイン	71		非同期パラメータ更新	105
ドメイン適応	17, 71		非負行列分解	88
トラストランク	134		ピボット	73
トレース	160		表現学習	10
			表現能力	37

な行

二値素性値	43		評判極性辞書	68
二等分割法	61		評判分析	2
ネットワーク分析	3		評判分類	9
ノルム	58		頻度	43
			ファーストミーティングタイム	137

は行

バイアス項	55		負転移	80
バイグラム言語モデル	91		不要語	37
バイグラム素性	38		プライバシー保護データマイニング	18
			負例サンプリング	103

ブログ	1	元ドメイン	71
フロベニウスノルム	160		

や行

分散学習	13	有向グラフ	126
分散的意味表現	89	尤度	48
文書分類	9, 38	ユーザー	6
文書ベクトル	42	ユーザー・プロファイリング	2
分布仮説	84	ユニグラム素性	38
分布的意味表現	85	良い極性	70
文脈語	85		

ら行

文脈語ベクトル	94	ラプラス平滑化	81
平滑化	80	ラベル拡散法	132
べき乗法	130	ラベル雑音	14
べき則	40	ラベル伝播法	132
ページランク	126, 129, 144	ランク関数	141
ポアソン過程	27	リスタート付きランダムウォーク	131
ポアソン分布	29	リスト順序学習手法	146, 152
ホストランク	144	リンクファーム	134
ボット	4	隣接行列	127
		類義性	114

ま行

マイクロ平均化	68	類推単語対	118
前処理	9	レビュー	36
マクロ平均化	67	レビュー数	43
マクロ平均化 F 値	67	連続スキップグラムモデル	93
マクロ平均化再現率	67	連続単語袋詰めモデル	93
マクロ平均化精度	67	ロジスティック回帰	9, 46
ミニバッチ	13		

わ行

ミニバッチ学習	13	話題抽出	2
未来予測的な分析	5	ワールドワイドウェブ	1
無記憶性	28		
メタデータ	7		

著者紹介

ダヌシカ ボレガラ 博士（情報理工学）
2009 年 東京大学大学院情報理工学系研究科電子情報学専攻博士課程修了
現 在 リバプール大学計算機科学科 准教授

岡﨑直観 博士（情報理工学）
2007 年 東京大学大学院情報理工学系研究科電子情報学専攻博士課程修了
現 在 東北大学大学院情報科学研究科 准教授

前原貴憲 博士（情報理工学）
2012 年 東京大学大学院情報理工学系研究科数理情報学専攻博士課程修了
現 在 静岡大学大学院総合科学技術研究科 助教

NDC007　186p　21cm

機械学習プロフェッショナルシリーズ

ウェブデータの機械学習

2016 年 8 月 24 日　第 1 刷発行

著　者　ダヌシカ ボレガラ・岡﨑直観・前原貴憲
発行者　鈴木　哲
発行所　株式会社　講談社
　　　　〒 112-8001　東京都文京区音羽 2-12-21
　　　　　　販売　(03)5395-4415
　　　　　　業務　(03)5395-3615
編　集　株式会社　講談社サイエンティフィク
　　　　代表　矢吹俊吉
　　　　〒 162-0825　東京都新宿区神楽坂 2-14　ノービィビル
　　　　　　編集　(03)3235-3701
本文データ制作　藤原印刷株式会社
カバー・表紙印刷　豊国印刷株式会社
本文印刷・製本　株式会社　講談社

落丁本・乱丁本は，購入書店名を明記のうえ，講談社業務宛にお送りください．送料小社負担にてお取替えします．なお，この本の内容についてのお問い合わせは，講談社サイエンティフィク宛にお願いいたします．定価はカバーに表示してあります．

ⓒDanushka Bollegala, Naoaki Okazaki, and Takanori Maehara, 2016
本書のコピー，スキャン，デジタル化等の無断複製は著作権法上での例外を除き禁じられています．本書を代行業者等の第三者に依頼してスキャンやデジタル化することはたとえ個人や家庭内の利用でも著作権法違反です．

JCOPY　〈(社) 出版者著作権管理機構 委託出版物〉
複写される場合は，その都度事前に (社) 出版者著作権管理機構（電話03-3513-6969，FAX 03-3513-6979，e-mail: info@jcopy.or.jp）の許諾を得てください．

Printed in Japan

ISBN 978-4-06-152918-2

明日を切り拓け！ 挑戦はここから始まる。

機械学習プロフェッショナルシリーズ

MLP

杉山 将・編
東京大学大学院新領域創成科学研究科 教授

第5期

- **バンディット問題の理論とアルゴリズム**
  本多 淳也／中村 篤祥・著　218頁・本体 2,800円　978-4-06-152917-5

- **ウェブデータの機械学習**
  ダヌシカ ボレガラ／岡崎 直観／前原 貴憲・著
  186頁・本体 2,800円　978-4-06-152918-2

- **データ解析におけるプライバシー保護**
  佐久間 淳・著　231頁・本体 3,000円　978-4-06-152919-9

第1期

- **機械学習のための確率と統計**
  杉山 将・著
  127頁・本体 2,400円
  978-4-06-152901-4

- **深層学習**
  岡谷 貴之・著
  175頁・本体 2,800円
  978-4-06-152902-1

- **オンライン機械学習**
  海野 裕也／岡野原 大輔／
  得居 誠也／徳永 拓之・著
  168頁・本体 2,800円
  978-4-06-152903-8

- **トピックモデル**
  岩田 具治・著
  158頁・本体 2,800円
  978-4-06-152904-5

第2期

- **統計的学習理論**
  金森 敬文・著
  189頁・本体 2,800円
  978-4-06-152905-2

- **サポートベクトルマシン**
  竹内 一郎／烏山 昌幸・著
  189頁・本体 2,800円
  978-4-06-152906-9

- **確率的最適化**
  鈴木 大慈・著
  174頁・本体 2,800円
  978-4-06-152907-6

- **異常検知と変化検知**
  井手 剛／杉山 将・著
  190頁・本体 2,800円
  978-4-06-152908-3

第3期

- **劣モジュラ最適化と機械学習**
  河原 吉伸／永野 清仁・著
  184頁・本体 2,800円
  978-4-06-152909-0

- **スパース性に基づく機械学習**
  冨岡 亮太・著
  191頁・本体 2,800円
  978-4-06-152910-6

- **生命情報処理における機械学習**
  多重検定と推定量設計
  瀬々 潤／浜田 道昭・著
  190頁・本体 2,800円
  978-4-06-152911-3

＊表示価格は本体価格（税別）です．消費税が別に加算されます．　［2016年8月現在］

講談社サイエンティフィク　http://www.kspub.co.jp/

第4期

- **ヒューマンコンピュテーションとクラウドソーシング**
  鹿島 久嗣／小山 聡／馬場 雪乃・著
  127頁・本体2,400円　978-4-06-152913-7

- **変分ベイズ学習**
  中島 伸一・著
  159頁・本体2,800円　978-4-06-152914-4

- **ノンパラメトリックベイズ**
  点過程と統計的機械学習の数理
  佐藤 一誠・著
  170頁・本体2,800円　978-4-06-152915-1

- **グラフィカルモデル**
  渡辺 有祐・著
  183頁・本体2,800円　978-4-06-152916-8

機械学習プロフェッショナルシリーズ刊行予定

第6期（2016年12月刊行予定）

- **機械学習のための連続最適化**
  金森 敬文／鈴木 大慈／竹内 一郎／佐藤 一誠・著
- **関係データ学習**
  石黒 勝彦／林 浩平・著
- **オンライン予測**
  畑埜 晃平／瀧本 英二・著
- **統計的音響信号処理**
  亀岡 弘和／吉井 和佳・著
- **画像認識**
  原田 達也・著

第7期

- **強化学習**
  森村 哲郎・著
- **ガウス過程と機械学習**
  持橋 大地／大羽 成征・著
- **統計的因果探索**
  清水 昌平・著
- **深層学習による自然言語処理**
  坪井 祐太／海野 裕也／鈴木 潤・著
- **映像認識**
  篠田 浩一・著
- **脳画像のパターン認識**
  神谷 之康・著
- **ロボットの運動学習**
  森本 淳・著

大好評！電子書籍もあります

＊刊行予定は予告なく変更することがあります。

ずっと、初学者品質。

イラストで学ぶ
情報科学シリーズ

- ## イラストで学ぶ
  ## ヒューマンインタフェース
  北原 義典・著

  人間特性、GUI設計、ユーザビリティ評価などをイラストとともに学ぼう。事例も適宜紹介され、ヒューマンインタフェースの全貌をわかりやすく解説。講義テキストとして大好評！

  A5・223頁・本体2,600円　978-4-06-153816-0

- ## イラストで学ぶ
  ## 情報理論の考え方
  植松 友彦・著

  抽象的でとっつきにくいシャノンの情報理論をイラストとともに学ぼう。2進数の概念から誤り訂正符号までを平易に解説。初学者にとって最良の教科書はこれだ！

  A5・239頁・本体2,400円　978-4-06-153817-7

- ## イラストで学ぶ 機械学習
  最小二乗法による識別モデル学習を中心に
  杉山 将・著

  最小二乗法で、機械学習をはじめよう。数式だけでなく、イラストや図が豊富だから、直感的でわかりやすい。MATLABのサンプルプログラムで、らくらく実践。さあ、黄色本よりさきに読もう！

  A5・230頁・本体2,800円　978-4-06-153821-4

- ## イラストで学ぶ
  ## 人工知能概論
  谷口 忠大・著

  ホイールダック2号の冒険物語を通して、人工知能全般が学べる異色の教科書。これからの人工知能に欠かせない「位置推定」「学習と認識」「自然言語処理」に多くのページを割く構成。新時代の定番テキストとして大好評！

  A5・253頁・本体2,600円　978-4-06-153823-8

- ## イラストで学ぶ 音声認識
  荒木 雅弘・著

  音声認識技術の基礎理論をマスターしよう。一目でわかる的確なイラストで、初学者が知っておくべきことを明快に解説。WFSTによる音声認識を詳しく解説した和書は本邦初！

  A5・191頁・本体2,600円　978-4-06-153824-5

- ## イラストで学ぶ
  ## ディープラーニング
  山下 隆義・著

  まずは、この1冊からはじめよう！ディープラーニングをはじめて学びたい人を対象とした入門書です。カラー図版で、畳み込みニューラルネットワークなどの基礎的な手法が直感的に理解できます。新たなツールとして最も注目されているChainerやTensorFlowのインストール方法や活用事例も紹介しています。

  A5・215頁・本体2,600円　978-4-06-153825-2

＊表示価格は本体価格(税別)です。消費税が別に加算されます。　　　[2016年8月現在]

講談社サイエンティフィク　http://www.kspub.co.jp/